主要作者

（排名不分先后）

蔡志洲	林　伟	赵保军	赵海珍	张本群
张　林	刘　镭	徐　卉	杨星宇	来楷迪
罗　静	刘晓宇	蔡和君	王伟琦	

前言

刚开始接触无人机仅仅是出于兴趣，三年前尝试将无人机用于工作。在赣、黔的公路和豫、闽的港口环保验收中，我们发现这样一个全面的空中视角，使认识环境变得清晰和容易。2015 年以后，小微型无人机摄影测量成为无人机环境保护和水土保持（简称环水保）应用的新方向，越来越多的参与者和实践，将相关设计和工程管理技术推向高效、定量化的新高度。

随后我工作的交通运输部环境保护中心，陆续举办了多次培训班以推广这项新技术。与获得业内的称赞相比，看到无人机被越来越多的单位采用，更使人感受到了分享的快乐。感谢环保和水利行业的领导、专家和同行们，他们对新生事物十分敏感，在大家的热情支持下，无人机的应用有了越来越广阔的舞台，技术水平也不断提高。目前，无人机在环水保行政监察执法、自然保护区科研管理、环境监理监测、工程现场勘察设计和风险应急等领域广泛应用，也由此创新了“空天地一体化水土保持监测、环境监理监测”等新理念。可以骄傲地说，当前中国以环水保等行业为代表的民用无人机应用，无论深度还是广度都处于世界领先的地位。成绩的取得，一方面是当代中国经济发展带来的机遇，另一方面是大家辛勤探索的结果，当然还有政府对无人机创新产业的支持。天时地利人和，累累硕果来之不易。同时，感谢书中提及的众多公司和朋友们，他们无私分享的案例，已是我们大家共同的财富。

以实践为基础，我国无人机法规标准仍在研究、完善中。遵纪守法、安全操作、保密数据，环水保界的朋友们，在自由的蓝天里，让我们一起飞！

蔡志洲

丁酉年四月十五燕园月圆日

目录

1 无人机系统概述

1.1 无人机和无人机系统的概念

无人机的概念准确地表达应分为无人机和无人机系统。

无人机（Unmanned Aircraft，UA）是由控制站管理（包括远程操纵或自主飞行）的航空器，也称远程驾驶航空器（Remotely Piloted Aircraft，RPA），英文也常用UAV（Unmanned Aerial Vehicle，UAV）来表达。一般所说的无人机是无人驾驶飞机的简称，也有飞行自动控制、搭载乘客的无人机，采用多旋翼结构进行载人飞行。

无人机系统（Unmanned Aircraft System，UAS）也称远程驾驶航空器系统（Remotely Piloted Aircraft Systems，RPAS），是指由无人机、相关控制站、所需指令和控制数据链路以及批准的型号设计所规定的其他部件组成的系统。

出于不同的平台结构，无人机包括无人直升机、固定翼无人机、多旋翼无人机、无人飞艇和无人伞翼机等。广义地看，无人机也包括临近空间飞行器（20~100 km空域），如平流层飞艇、高空气球等。

无人机与航空模型有着千丝万缕的联系。航空模型从机体空气动力学外形到动力、无线遥控等方面，都为无人机打下了坚实的基础。近年来，无人机的发展走向更多功能化、可控的新领域，拉开了与航模的距离。一般认为两者的区别在于，航模只能在视距范围内飞行，且只能用作表演、训练、比赛，并没有可自动飞行的飞行控制系统，没有相机、药箱、武器等任务载荷，不能实现图视频、遥感、载物等多任务功能。也就是说，除去飞控和任务载荷，在视距内飞行的纯手控飞行器就是航模。

为方便和简化叙述，本书在不会引起歧义的情况下，有时用“无人机”

代表无人机（UA、UAV）和无人机系统（UAS）两个概念。

1.2　不同平台结构的无人机

无人机主要有固定翼无人机、无人直升机和多旋翼无人机三大平台，其他小种类的无人机平台还包括伞翼无人机、扑翼无人机和无人飞船等。固定翼无人机是军用和多数民用无人机的主流平台，其最大特点是飞行速度较快；无人直升机灵活性最强，可以原地垂直起飞和悬停；多旋翼（多轴）无人机是消费级和部分民用无人机的首选平台，灵活性介于固定翼无人机和无人直升机中间，操纵简单、成本较低。

1.2.1　多旋翼（多轴）无人机

多旋翼（多轴）无人机是具有两个旋翼轴以上的、能够垂直起降的不载人旋翼航空器，常见的有四轴、六轴、八轴飞行器等。多旋翼无人机由每个轴末端固联在刚性十字交叉结构上的独立电机驱动的螺旋桨产生上升动力，能够垂直起降、自由悬停，可适应各种速度及各种飞行剖面航路的飞行状况。多旋翼无人机中最为常见的是四旋翼机。

多旋翼无人机具有如下特点：

① 体积小，重量轻，适合多平台、多空间使用，可以在地面、舰船上灵活垂直起降，不需要弹射器、发射架进行发射；

② 结构简单，成本低，拆卸方便且易于维护，因此携带方便、易于操作，能轻易进入人不易到达的各种恶劣环境；

③ 飞行稳定性、安全性好，可以提供准确、实时的目标探测信息；

图 1-1　多旋翼无人机

④ 飞行高度低，具有很强的机动性，能进入建筑物、洞穴、隧道内执行任务，便于复杂环境下使用，可以对细小环节进行侦察。

1.2.2 固定翼无人机

固定翼无人机的手动遥控飞行和预设程序飞行均容易实现，抗风能力比较强，类型较多。其发展趋势是微型化和长航时，微型化的无人机可用背包携带，电力驱动时一次起降在 40~120 min；长航时无人机的体积一般比较大，以燃油动力为主，续航时间在 10 h 以上，能同时搭载多种遥感传感器。固定翼无人机起飞方式有滑行、弹射、车载等，降落方式有滑行、伞降和撞网等。固定翼无人机的起降需要比较空旷的场地，适合林业、草场、矿山资源、海洋环境、城乡土地利用等的监测，以及水利、电力等领域的应用。

图 1-2 好易飞固定翼无人机

1.2.3 无人直升机

无人直升机通过无线电遥控或机载计算机程控飞行，相比于固定翼无人机，具有独特的飞行性能及使用价值，其技术优势是对场地要求较小，能够定点起降、垂直起降、空中悬停，使用灵活等。在军用方面，无人直升机可在战场前沿、军舰甲板等狭小的场地起降，执行侦察、战损评估、通信中继和电子干扰等任务；在民用方面，无人直升机可用来完成大气监测、资源勘探、边防巡逻、电力线巡检、森林防火、航拍等任务。

无人直升机的结构相对来说比较复杂，操控难度也较大，所以种类有限，主要应用于突发事件的调查，如山体滑坡勘查、火山环境监测等领域。

图 1-3 中航工业 AV500 无人直升机

1.2.4 多旋翼+固定翼（复合翼）无人机

多旋翼无人机留空时间短、飞行速度慢，对于一些飞行作业任务繁重的情况，多旋翼无人机无法快速覆盖；而固定翼无人机的起降场地往往要求较严苛，在一些飞行作业区缺少合适的起降点。于是，一种扬长避短的新机型被研发出来，称为复合翼垂直起降无人机，它既具有旋翼机垂直转向的特殊优势，又具有固定翼机飞行耗能少、速度快、航时长、载荷大等优势。

2016 年成都纵横公司研发的复合翼无人机大鹏，不需要跑道和起降空域，也不需要复杂笨重的发射和回收设备以及增加额外的回收传感器和复杂的辅助设备。这种无人机运输、展开、维护、撤收简单，系统紧凑，而且具有成本低廉、速度快、航时长、效率高的特点，极大地扩展了无人机的应用范围。

图 1-4 复合翼无人机 CW-20 大鹏

1.2.5 三种无人机的特点比较

多旋翼无人机、固定翼无人机和无人直升机的主要特点比较见表 1-1。

表 1-1 三种无人机的特点比较

性能指标	多旋翼无人机	固定翼无人机	无人直升机
控制方式	多个旋翼	固定机翼 + 摆翼	螺旋桨 + 旋翼
系统	不稳定系统	自稳定系统	不稳定系统
驱动系统	欠驱动系统	完整驱动系统	完整驱动系统
起飞方式	电机 + 旋翼	桨 + 助推发动机	发动机 + 桨（系统）
起降便利性	垂直起降，方便	弹射、手抛、伞降等	垂直起降，较方便
结构和维护	简单	较复杂	结构复杂，维护成本高
侧飞	是	否	是
载荷	小	大	中等
续航时间	短	较长	中等

1.3 按应用分类的无人机

依据无人机的不同使用功能，可分为遥感应用和运载等非遥感应用两类，各自的应用领域见表 1-2。

表 1-2 无人机的应用

应用分类		应用领域
遥感应用	图视频	国土、交通、电力、公安、环保、水利、海洋、石油、城市规划、景观园林、农业、林业、气象、保险、执法监查、考古、旅游、新闻等行业
	测绘	低空遥感测量建立的各种比例尺的数字规划地图、数字正射影像图、数字地形模型等，是工程规划、设计、监理、验收、运行维护的基础资料
非遥感应用	运载	农业和林业植物保护、喷洒农药、电力架线、载具灭火、物流快递、公安等
	数据传输	无线数据中继站
	驱离	农业、环境保护等

1.4 按使用领域分类的无人机

无人机按使用领域可分为军用、民用和消费级三大类，对于无人机的性能要求各有侧重。

1. 军用无人机

对灵敏度、飞行高度、速度、智能化等的要求高，是技术水平最高的无人机，包括侦察、诱饵、电子对抗、通信中继、靶机和无人战斗机等机型。

2. 民用无人机

作为专业化的无人机，对于操作人员培训、综合成本等有较高的要求，需要形成成熟的产业链提供零部件和支持服务。民用无人机的市场包括航拍、航测、警用、消防、气象、灾害预防、海洋监测、环境保护、运载等方面。

3. 消费级无人机

一般用于航拍、游戏等休闲用途，采用成本较低的多旋翼平台。虽然价格较低，但一些产品性能并不差，遥控距离可达 3~5 km，可拍摄高清图视频，具有自动跟随、绕避树木房屋障碍物等功能，特别是可以按规划航线自动飞行，满足部分专业工作的需要。消费级无人机甚至多次出现在战场上。

图 1–5 战争中消费级无人机航拍侦察

图 1–6 消费级无人机航拍和投炸弹

2 无人机系统集成

无人机系统（UAS）不是简单的无人机本身，可分为有形和无形两部分。有形部分首先需要进行操作的技术人员，还包括飞机系统、地面系统和任务载荷三大部分；无形部分主要是数据链，合在一起无人机系统可共称为“人、机、地、载、链”。

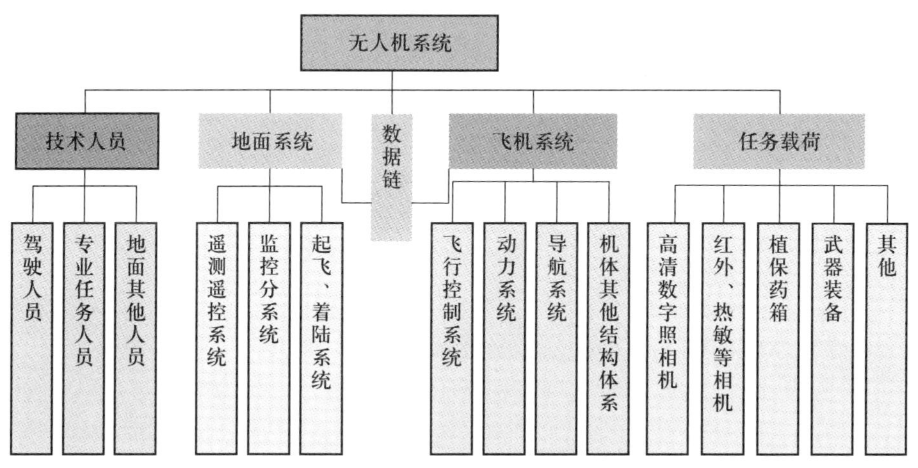

图 2-1　无人机系统组成框图

2.1　技术人员

无人机的直接操作人员称为无人机驾驶员，也称为飞手或机长。根据专业任务的需求，单人或多人相互配合飞行，合作完成具体任务，如拍摄、撒药等。地面人员包括地面站操作员、数据采集和复核人员、安全和其他辅助人员等。许多无人机飞行控制系统可以规划飞行高度、节点、路线，并可以在特定的时间或地点自主操作无人机任务载荷，减轻了飞手的工作，也避免了人为的操作失误。

2.2　飞机系统

飞机系统由机体、导航、传感器、动力、飞行控制与管理等子系统组成。图 2–2 为好易飞 V-EZ 无人机系统的示意图。

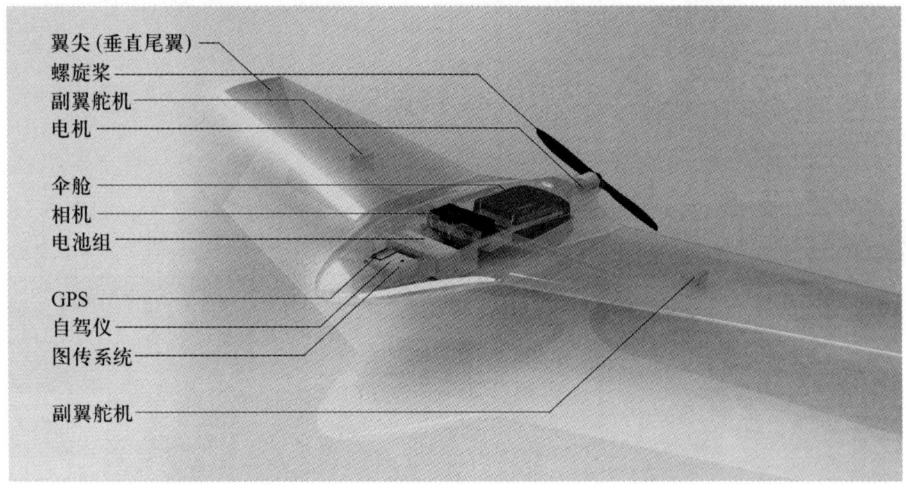

图 2–2　好易飞 V-EZ 无人机系统示意图（彩图）

2.2.1　导航系统

导航系统向无人机提供参考坐标系的位置、速度、飞行姿态等数据，引导无人机按照指定航线飞行，相当于有人机系统中的领航员。无人机载导航系统主要分非自主（全球定位系统）和自主（惯性制导）两种。未来无人机的发展要求具备障碍回避、物资或武器投放、自动进场着陆等功能，需要导航系统具有更高的精度、可靠性、抗干扰性能，因此多种导航技术结合的“惯性 + 多传感器 + 全球定位系统（Global Positioning System，GPS）+ 光电导航系统”是发展方向。

2.2.2　传感器

无人机机身大量装配有多种传感器，用于感受无人机的姿态、航向、位置、角速度、速度、能量等信息，传送给飞机飞行控制系统，包括加速度计、惯性测量单元、倾角传感器、电流传感器、磁传感器、发动机进气流量传感器等。

无人机在不同飞行环境、不同用途时对传感器的配置要求也不同。未来对无人机态势感知、避障等方面的需求将越来越多，要求传感器具有更高的探测精度和分辨率，因此传感器大量应用了超光谱成像、合成孔径雷达、超高频穿透等新技术。

2.2.3 动力系统

动力系统是无人机的“心脏”，常见的无人机动力能源有油、电等。人们都希望无人动力装置体积小、成本低、工作可靠，遗憾的是目前无人机都存在续航能力有限的问题。无人机长航时的希望可寄托在新介质电池、太阳能、氢能等新能源，以及发动机的结构、机械技术的创新开发等方面。

1. 燃油动力

燃油发动机提供长航时、大动力的解决方案。汽油的能量密度为11.8 kW•h/kg、锂电池的能量密度为0.25 kW•h/kg，即同样重量的汽油和锂电池，使用汽油发动机可以大大提升飞机的续航时间。民用无人机多为低速、低空小机型，常采用活塞式发动机；军用一次性使用的靶机、自杀式无人机或导弹，要求推重比大但寿命可以短，一般使用涡喷式发动机；低空无人直升机一般使用涡轴发动机；高空长航时的大型无人机一般使用涡扇发动机。

2. 锂电池和智能电池

目前民用小微型无人机主要采用锂聚合物电池作为动力，起飞重量多在2~5 kg，多旋翼无人机续航能力一般在20~30 min，很少有超过40 min的；固定翼机型航时在1~2 h，但充电时间会更长。

无人机和电池需要一系列控制协作，从而催生了智能电池系统。无人机智能电池具备的一些功能有：电池电压、电量剩余百分比、寿命显示，电池存储自放电、充电、过充电、充电温度、充电过流、过放电、短路等方面的保护，电芯损坏检测，电池历史记录（充放电次数），休眠保护等，可以让用户全面清楚地了解电池的实时状况和健康程度。

3. 新能源电池和混合动力

① 氢燃料电池。将高压氢气瓶作为无人机的部分荷载进行升空，通过氢气燃烧供给氢燃料发动机能源。而氢燃料电池的燃烧仅生成水蒸气，有利于环境保护。由于更换氢气燃料瓶只需几分钟时间，因此无人机可以快

速补充燃料并再次升空。

② 混合动力。一般是采用油、电混合动力。如德国 Airstier 公司的无人机 Yeair！，有效载荷 5 kg，续航时间 1 h。它的每个螺旋桨都由两个发动机驱动，一个 600 W 的电动机、另一个 10 cc 的二冲程燃油发动机。燃油发动机发电，再驱动电动机，经过二次能量转换提高了两倍航时，这对无人机作业而言是值得的，但就能量转换而言明显是不尽合理的。

③ 太阳能电池板。2014 年 6 月，全球最大的瑞士帕耶讷太阳能飞机“阳光动力 2 号”首飞。由于太阳辐射能量密度小，为获得足够能量，飞机必须有较大的表面积，所以该机翼展长达 72 m，安装有 1.7 万块超薄且高效能的太阳能电池板，在晴朗的天气条件下可连续飞行。太阳能板在日间吸收能量，让飞机在晚间也可飞行，大大提高了飞行续航时间。

2016 年 12 月，由上海奥科赛飞机有限公司研发的固定翼太阳能飞机“墨子号”顺利完成首飞试验。“墨子号”太阳能无人机翼展 14 m，起飞重量 45 kg，有效载重为 7 kg，机体材料和结构采用全复合材料，机翼蒙覆了约 12 m^2 的太阳能电池板，利用光能转换电能驱动飞机进行飞行并持续为飞机蓄能。“墨子号”设计飞行高度为 8 000 m，速度为 75 km/h。“墨子号”的研发得到了上海市科委、航天工业空间电源研究所、同济大学航空航天与力学学院及我国多家航空电子、材料等公司参与配合，国产化率高达 80%，实现了我国太阳能驱动航空器领域零的突破。

图 2-3 “墨子号”无人机

4. 续航时间

无人机的大小、载荷、动力和续航时间是互相配合的。续航时间首先与油或电动力选择有关。载荷越大，必然要使用强劲的动力和较大的机身，故多选择燃油动力。而飞机油箱越大，动力发动机越高效，滞空时间也越长。

电池动力的多旋翼无人机一般滞空时间在 30 min 之内。

滞空时间越长就需要越大的电池和更重的机体满载。而由于无人机需要尽可能减轻起飞重量，所以一般不携带较重的大容量电池。

对于一般工作用途的图像摄影无人机而言，单架次飞行 20 min 左右。这对于了解某一局部目的地的环境概况和细节，时间上应该算是充裕的。

对于长距离或大面积的航拍需求，多采用固定翼、较高速（60 km/h 以上）无人机，电池续航时间约 1 h，基本可以满足作业要求。但大多数有经验的飞手通常都要携带 4~5 块电池，避免工作中的不便。这是目前无人机发展的短板之一，因而解决无人机续航能力的问题迫在眉睫。

2.2.4 飞行控制与管理系统

无人机飞行控制与管理系统（Flight Control and Management System for UAV）（以下简称飞控）是整个飞行过程的核心控制系统，是无人机最核心的技术之一。飞控通过感知所有传感器的反馈，完成无人机的导航、飞行任务管理、任务载荷管理与控制。这里要强调的是系统稳定性、控制与导航精度等性能指标和任务管理能力，特别是自主导航能力，能对无人机实现全权限控制与管理。因此，飞控对无人机的功能和性能起着关键性的决定作用。

飞控包括无人机飞控芯片（机载计算机）、全球定位系统、传感器和伺服作动器，通过集成进行组合设计，以实现：

① 接受机身各种传感器传达的无人机姿态、航向、位置、角速度、速度、电量、发动机状况等信息；

② 采用 GPS 技术实现无人机导航控制；

③ 机载计算机（飞控芯片）采用微电子、单片机技术进行信息采集和处理，形成控制信号；

④ 伺服作动器采用电子伺服舵机接收机载计算机的控制信息，进行功率放大，驱动舵面和发动机节风门等机构进行相应的动作。

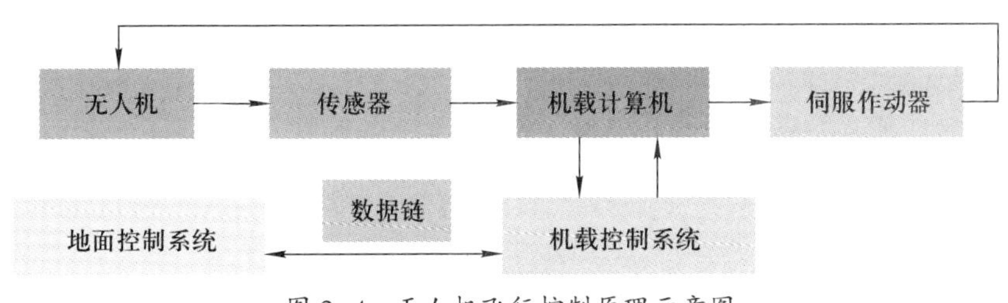

图 2-4　无人机飞行控制原理示意图

2.3 地面系统

地面控制站（Ground Control Station，GCS）也称地面任务规划与控制站（简称地面站），是整个无人机系统的指挥中心，一般是高性能的便携式计算机工作站，甚至是车载大型移动计算机工作站。GCS 在飞行前需要输入任务区域地图、飞行高度、路线等任务规划信息；工作中需将无人机发回来的信息进行分析、处理，同时具备控制飞行过程、飞行航迹、载荷装备的任务的功能，维护通信链路的正常工作，并给飞行器下达各种指令；控制飞行器的发射和回收。地面控制站具有包括任务规划、数字地图、卫星数据链、图像处理能力在内的集控制、瞄准、通信、处理于一体的综合能力。除完成基本的飞行与任务控制功能外，GCS 同时也要求能够灵活地克服各种未知的自然与人为因素的不利影响，适应各种复杂环境，保证全系统整体功能的成功实现。

地面站是实现多机控制的基础，其功能日益强大，不仅能控制同一型号的无人机群，还能控制不同型号无人机的联合机群。地面站系统具有开放性和兼容性，即不必进行现有系统的重新设计和更换，就可以在地面控制站中通过增加新的功能模块实现功能扩展，相同的硬件和软件模块可用于不同的地面站。

2.4 数据链

数据链（Data Link）系统负责完成对无人机系统遥控、遥测、跟踪定位和传感器的数据传输工作，分为上行数据链和下行数据链。上行数据链是指将地面操作人员动作指令传送给无人机，实现对无人机的遥控；下行数据链即图传系统，是将任务载荷收集到的数据传送给地面，实现地面控制人员对任务的实时了解。普通 UAS 大多采用定制视距数据链，而在中高空、长航时的情况下，则会采用视距数据链甚至是超视距卫星通信数据链。

UAS 视距数据链可以在无线电视距内完成对无人机及其任务荷载的遥控、遥测、跟踪定位和信息传输任务。现有的（如 LINK）和新型的（TTNT）数据链虽然功能强大，但由于地球表面的曲率变化，使用视距方式进行无线电波数据传输的有效距离受到限制。若要进行超视距通信时，除采用较不可靠的 HF 波段（1.8 MHz~30 MHz）利用电离层传播外，较好的方式是利用卫星作为通信中继站。无人机数据链未来向着高速、宽带、保密、抗干扰的方向发展。随着机载传感器定位的精细程度和执行任务复杂程度的不断增加，对数据链的传输提出了更高的要求。随着机载高速处理器技术的突飞猛进，预计几年后现有数据链的传输速率将翻倍，还可能出现激光通信等方式。网络化趋势也是无人机发展的热点之一，充分发挥无人机数据链宽带、高速的特点，可在无人机巡航期间，让无人机平台充当网络中的一个节点，通过与“全球信息栅格”连接，充当网络路由器。

数据近、远程传输方案可见图 2–5、图 2–6。

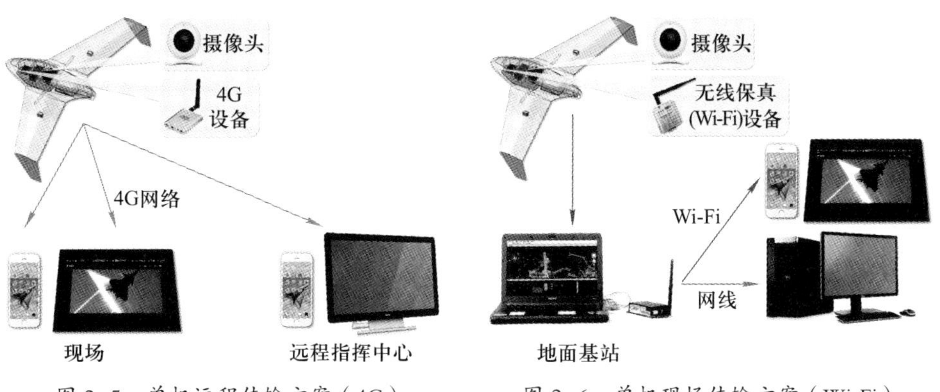

图 2–5 单机远程传输方案（4G）　　图 2–6 单机现场传输方案（Wi-Fi）

2.5 任务载荷

无人机是一个平台，根据工作需要为其搭载的设备称为任务载荷。民用无人机的任务载荷一般可分为图视频遥感载荷和非遥感的其他用于通信、载货等载荷。围绕应用的任务载荷是无人机的最终设计目的。

由于民用无人机机体不大，有效载荷一般较小，因此要求载荷的设备更小、更轻，并尽量采用商用成品。

图视频遥感的任务载荷包括多轴云台、光学照相机、高分辨率数字照相机（摄像机）、红外摄像机、多光谱成像仪、合成口径雷达、激光测距仪等。非遥感的载荷常见的有通信中继设备、植保药箱、小型货物、警报器等。

2.6 无人机主要性能参数

无人机主要性能参数见表 2–1。

表 2–1 无人机主要性能参数说明

性能参数	说　明
质量	超微型无人机整装质量在 1.5 kg 以内，微型无人机在 7 kg 以内，轻型无人机在 116 kg 以内，小型无人机在 5 700 kg 以内，大型无人机在 5 700 kg 以上

续表

性能参数	说　明
外形规格	① 超微型多旋翼无人机，相邻轴距（拆卸螺旋桨后）20~35 cm，高度（厚度）15~20 cm，可以轻松装入双肩包或装入约 20 cm × 45 cm × 45 cm 的箱子； ② 微型多旋翼无人机，相邻轴距 30~45 cm，高度 25~30 cm，装箱大小 35 cm × 45 cm × 50 cm； ③ 轻小型固定翼无人机，可拆卸，装箱大小 35 cm × 45 cm × 55 cm; 超微型、微型无人机拆装后都可以装箱作为随身行李携带登机。乘坐国内航班每件手提行李的规格一般不超过 20 cm × 40 cm × 55 cm，不同机型头顶行李舱深度在 55 cm 左右，高度在 35 cm 以内，长度余地稍大
飞行高度	高度越高，视野越大，但成像分辨率也越低。飞艇与热气球航拍的高度一般在 500~1 500 m；有人驾驶的直升机飞行高度在 300 m 时，可以看清路面交通情况；微轻型无人机最高高度在 500 m 左右，在 200~300 m 高度航拍已经与普通直升机相仿了
抗风能力	离地面越高，风力越强。考虑阵风等最不利情况，一般超微型多旋翼无人机飞行高度在 50~70 m，不建议在超过五级风（10.7 m/s）情况下作业；微型多旋翼无人机飞行高度在 150 m 以下；微型固定翼无人机飞行高度在 400 m 以下，不建议在超过六级风（13.8 m/s）情况下作业
航线规划、自主飞行	预先设定作业区，计算机软件自主规划最合理的航线；现场根据实际情况进行优化，起飞后由飞控系统控制航线和摄影动作，免除人工操作的不精确甚至错误
一键返航	设定最终返航点，遇紧急情况可一键触发，无人机自动返航
图传距离	视距内图传一般借助 4G、Wi-Fi 在 2 km 以内；超视距图传 5~10 km，甚至借助网络、卫星通信等实现更远传输
续航时间	微、轻型多旋翼无人机一般是电动力，留空时间 15~35 min；电动微、轻型固定翼无人机的时长在 60~120 min；燃油动力固定翼无人机时长 120 min 或更长
最大航速	微、轻型多旋翼无人机一般在 30 km/h；固定翼无人机多在 60~90 km/h
相机分辨率	主流设备的相机分辨率超过千万像素，如 4 608 × 2 592（16 ∶ 9）、3 456 × 3 456（正方形）都约等于 1 200 万（1 194 万）像素
等时长或等距摄影	要取得各张数字像片基本相同的重叠率，飞行中需要按照相等的距离（等距）进行摄影，一般是以匀速飞行时相等的时长（等时）拍摄达到等距的效果

3 无人机系统相关法规和管理政策

无人机应用被形容为“空中的产业革命”。随着无人机应用领域的不断延伸，其商业化市场在全球高速增长。如同很多新事物一样，无人机系统也是一柄双刃剑，在其发展中已经出现了威胁航空、国家安全、公共秩序等方面的问题，甚至存在恐怖主义的隐患。事实上，缺乏约束的无人机将成为一个麻烦制造者。据有关统计，2015 年全世界无人机爱好者拥有 70 万架无人机，世界很多国家对于无人机的使用都存在着难以权衡利弊、决定取舍的纠结心态。制定法规、加强管理，可引导无人机产业健康协调发展。

3.1 无人机相关法规标准的体系框架

面对快速发展的无人机产业以及频发的安全事故和存在的隐患，各国政府近期开始规范无人机的使用，及时填补无人机监管层面的大片空白。西方发达国家的民用无人机应用稍早于我国，催生了这些国家的相关法规和管理制度的制定和完善。目前我国无人机应用发展迅速，相关的法规和管理规定、技术保障措施也在不断地完善。

无人机相关法规和管理政策主要是针对无人机产品认证标准、空域管理、使用安全、驾驶员培训等，同时包括无人机企业经营管理要求，以及利用无人机生产的图视频、测绘产品等的法规和管理政策。无人机法规和标准的建设就是在搭建和完善这一框架。我国针对无人机已经出台了空域申报、轻小无人机运行规定、驾驶员管理等相关制度，但在无人机的产品认证、销售、流转等方面尚缺乏制度性文件。实际上法律法规的制定还只是规范无人机使用的第一步，同时还必须全面提高使用者的安全意识，才有可能灵活广泛地发挥无人机的最大效用。一旦在世界范围内法规、标准、监管等问题得到解决，人类利用无人机自由有序飞翔的空间将被彻底打开。

3.2 国外无人机相关法规和管理政策

1921 年，英国建立了最早的民航空管体制；1926 年，美国颁布了世界上第一部空管法律。至今传统航空领域的飞行员和地勤等各类专业人员的认证、飞行器适航认证、无线电、机场管理、空域管理等，已经有了完整的法规与技术体系。随着无人机越来越多的应用，各国不断在研究、创新和完善着无人机的相关法律、法规。

3.2.1 英国

英国是制定无人机法规的先行者。在无人机广泛应用之前，英国民航局（Civil Aviation Authority，CAA）在 2001 年出台了第一版《CAP 722 英国空域无人机系统运行指南》（以下简称《指南》），强调了操作无人机前需要注意的适航性和操作标准、安全等方面的要求。现在《指南》中所有关于无人机的法规都收入了《空中领航：法令与法规》。最新的第六版《指南》发布于 2015 年 3 月，对民用无人机实施相对开放的政策。整机质量在 20~150 kg 的无人机需要具有英国法律下的适航性资质。而整机质量在 20 kg 以下的无人机不需要遵从很多主要政策要求，飞行器可在半径 500 m 和低于 400 ft[①]的范围或者在隔离空域内飞行，并且无人机和该飞行有一定的适航性保证，英国民航局可以豁免适航性认证；CAA 也会在自己调查和被推荐的基础上颁发豁免权。同时《空中领航：法令与法规》第 98 条中也设立了一些条件，如禁止在管制区域或者飞机场附近飞行、禁止在没有 CAA 特别许可的情况下超过最大高度 400 ft 的高空作业；载有摄像头的无人机不能在距离人、车辆或建筑物 50 m 的范围内飞行；大规模人群集会场所规范的安全距离是 150 m 等。操控无人机并不需要认证飞行员执照，但是 CAA 要求所有潜在无人机操控者都需掌握飞行资质。飞行资质可以通过完成指定课程获得，有四家认证机构运营飞行资质的培训和考试。相关的法规还有：《飞行许可条例》（CAP 733 Permit to Fly Aircraft）、《空中导航法令》（The Air Naviation Order）、《航空飞行法条例》（The Rules of the Air Regulation）、《空中领航：法令与法规》（CAP 393 Air Naviation：

① 1 ft=0.304 8m。

the Order and the Regulations）等。同时 CAA 警告称，在机场附近起飞和降落的无人机一旦被发现干扰客机飞行，其操控者属于刑事犯罪，将会面临指控和监禁。

3.2.2 欧盟

欧洲航空安全局（European Aviation Safety Agency，EASA）负责整个欧盟成员民用航空安全领域的监管和协调。2015 年 3 月，EASA 颁布了无人机监管的政策《无人机运营规则》，提出了将无人机融入现行民用航空空域的方式，并明确无人机监管政策是基于风险对无人机进行分类管理，无人机运营的风险级别越高，监管政策越严格。EASA 采取该方法的目的是“在保障安全上不留余地；在保障行业发展上，尽量提供足够的政策灵活性”。

1. 无人机分类管理政策

《无人机运营规则》主要针对与无人机运营相关联的风险情况进行监管。EASA 建立了三类运营类型并配套监管政策，包括开放类、特许运营类和审定类。

（1）开放类

开放类是风险比较低的无人机运营类型，对于此类无人机来说，无须适航审定，也没有针对运营商和飞行员的资质要求。但是，无人机与载人航空器的使用空域需要进行隔离。具体规定有：

① 此类无人机的活动定义为目视飞行（VLOS）：500 m 之内，基本在直接目视范围内；

② 不在超过地面或水面 150 m 以上的高度飞行；

③ 在指定的管制区域之外飞行（机场、环保、安全等方面的要求）；

④ 与地面上的人员保持安全距离并与其他空域使用者相互隔离的小型无人机的运营活动；

⑤ 最大起飞重量小于 25 kg。

在开放类无人机中分立子类：CAT A0 为“玩具”和“迷你无人机”，最大起飞重量 <1 kg；CAT A1 为“非常小的无人机”，最大起飞重量 <4 kg；CAT A2 为“小型无人机”，最大起飞重量 <25 kg。

EASA 认为，开放类无人机的运营可由警方监管，只需建立相应的限制条件即可实现安全管理，类似警方对自行车的监管，不需通过民航局的授权。

（2）特许运营类

特许运营类的无人机运营具有一定的风险，需要通过额外的限制或是通过对设备和人员能力提出更高要求来降低风险。对于特许运营类来说，运营人应进行安全风险评估，确定风险控制措施，并由民航局进行审查和批准。

特许运营类的运营方需要获得当局或相应组织的运营许可，还需要明确运营的条件和限制。安全风险评估需要解决的问题包括适航性、操作程序和环境、人员和组织能力、空域等问题。安全风险评估的结果与运营环境和操作程序密切相关，例如，在人群附近的无人机运营必须附加一些功能，如失联后自动回归出发地功能等。对于无人机的适航性来说，可通过对特定标准的符合性来说明，通过一系列的控制措施来降低风险。无人机的操作程序、操作员的能力、资质等要求，都应在操作手册中明确。

（3）审定类

如果无人机运营的风险上升到类似于正常载人航空器运营的风险等级，将被归于审定类。这些运营活动中涉及的无人机与当前的传统载人飞机适航审定政策基本一致，需要取得多个证书。审定类无人机的飞行员、维修、空域的管理比其他类更加严格，设计单位和制造厂商的能力评估也会采取 EASA 的设计组织批准和生产组织批准的形式。今后 EASA 还将建立不同的合格审定标准（CS）来涵盖不同的无人机类型，包括固定翼类、旋翼类、飞艇类和动力滑翔伞类等。

2. 欧盟无人机监管政策的特点

欧盟普遍用《EASA 法规和实施条例》（The EASA Regulation and Implementing Rules）管理飞行活动。欧盟一直非常重视无人机产业，欧洲联盟理事会 2008 第 216 号条例监管着所有整机质量超过 150 kg 的无人机。无人机的设计和生产也必须和常规飞机一样遵循相关的认证规范。

2014 年 4 月的布鲁塞尔会议上，欧洲议会发布了《航空业新纪元：可持续和安全地开放民用无人机系统市场》（A New Era for Aviation：Opening the Aviation Market to the Civil Use of Remotely Piloted Aircraft Systems in a Safe and Sustainable Manner, COM(2014)207 Final），该文件显示了欧洲议会对无人机市场发展的积极态度。与美国联邦航空管理局的政策相比，EASA 颁布的无人机运营监管政策更加明晰，分类管理的方式也为日后欧洲无人机在精确农业等风险较低领域的应用提供了更多的可能。

尽管欧盟不少会员国已经针对无人机进行管制，但由于各国规范不同，缺乏完整的监督框架。2016 年 4 月，EASA 发布了非强制性、推荐使用的《无人机运行规则蓝本》（Prototype Commission Regulation on Unmanned Aircraft Operations）。

3.2.3 美国

1. 逐步完善批准程序与法规

美国一直实行着比其他国家更加严格的无人机使用规定。2007 年美国联邦航空管理局（The Federal Aviation Administration，FAA）曾认定商业无人机为非法，禁止其使用。目前美国仍对无人机实施十分严格的管理，而社会上无人机应用越来越广、商业价值越来越大，给 FAA 和美国国会带来很大的压力，使他们必须在放松无人机管控和安全与隐私之间进行权衡。近年来无人机应用的批准程序与相关法规有了很大的改变，国家专项立法以及各州相关法规的出台，一方面加强了对无人机应用的限制，另一方面对无人机的使用在安全可控的前提下越来越宽容。

2. 对商用无人机的法规要求

目前美国已经全面放开了 200 ft（约 61 m）以下空域的商业无人机使用，只不过这项新规仅仅适用于 45 家已经取得飞行许可的公司，并且需要遵循 FAA 的飞行规则。在 FAA 现有的规则之下，目前有两种方式可以在美国获得飞行许可。一种是申请豁免证书或者授权，一般适用于政府机构或者研究机构进行调查研究；另外一种适合商业的，则是通过《2012 年 FAA 现代化与改革法案》（以下简称《法案》）第 333 条款获得飞行许可。

相较于之前一刀切式地禁止商业运营，从《2012 年 FAA 现代化与改革法案》到 2014 年一系列无人机运营豁免，FAA 也在逐渐为低风险无人机提供运营的可能，新颁布的轻型无人机监管政策主要通过附加限制条件来监管，这一点上与 EASA 是基本一致的。

2016 年 4 月，FAA 宣布为小型无人机开放商用无人机的在线注册。2016 年 6 月，FAA 正式发布了规范商业运营商使用无人机的一项新法规《107 部》（Part 107），并于 2016 年 8 月末生效。这项新规较为温和，打破了之前全面禁飞的局面，没有对商业用途的无人机做出严格的限制。适用范围是质量不超过 55 lb（约 25 kg）的小微型无人机。该法规主要包括以下规定：

① 无人机只能在白天飞行，不超过日出前 30 min 和日落后 30 min。

② 无人机必须与运行无关人员保持一定距离（如 500 ft）；不得从人头顶上空飞过，不得从无人机上扔东西，机体外侧不得搭挂包裹。

③ 飞行高度不能超过地面高度（AGL）400 ft（约 122 m），除非周围建筑物超过 400 ft（这比之前提出的 500 ft 降低了 100 ft）。

④ 飞行时速不得超过 160 km/h。

⑤ 无人飞机飞行时，应始终维持在无线电操作者视界以内，且一次不能操控一个以上的项目。这意味着所有与长距离有关的飞行仍在限制之列。也就是说，从立法角度而言，亚马逊等电商希望使用无人机运送包裹的愿望又一次落空。

⑥ 飞行路线、地点限制。无人机必须避开飞机航线和飞行限制区，必须严格遵守相关临时限飞令。无人机应避开有人驾驶的飞机场至少 8 km。

⑦ 取消了无人机操作者执照要求，只要求进行特定知识测试和证书，

可登录FAA网页，在“Drone Pilot Ground School”获得预备的和商业的无人驾驶培训课程通过证书。年满16岁，而且每过24个月都要接受一次认证和背景调查。在此之前，任何使用无人机的盈利实体都必须拥有FAA颁发的资格证书，即驾驶员执照。

⑧ 放宽对商用无人机的管控。FAA根据《107部》对商用无人机进行监管，如果用户需要进行商业无人机操作，至少要提前120天进行申请，自此开启了持续审批并豁免商用无人机应用企业监管资质的大幕。

新法规对驾驶员和商用无人机管控的松动，使得无人机用户使用成本更低、审批更快、更简单。对于无人机厂商而言，则意味着无人机销量的增加。无人机在2025年之前可能会使美国GDP增加近千亿美元并提供10万个就业岗位。

另外，航空模型基本不受限制，只要不妨碍空中交通即可飞行。

3. 对非商业无人机使用的注册要求

2015年12月FAA发布了一项《小型无人机注册和标识规定》，要求自2016年2月19日起所有质量超过0.55 lb和小于55 lb（约0.25~25 kg）的小型无人机都应该在FAA进行注册登记，注册有效期为3年。未注册用户一旦被发现，可能会面临严厉处罚，民事处罚金额可能高达2.75万美元，刑事处罚则包括高达25万美元的罚款以及长达三年的监禁。在此之后的短短一个月内美国已有30万台无人机用户在FAA注册了自己的无人机，截至2016年年底共有67万人进行了注册。

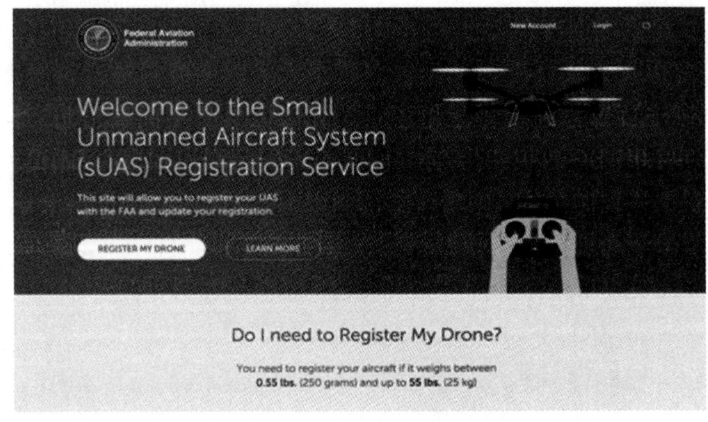

图3-1 FAA无人机注册网站

4. 联邦政府和部分州政府对无人机的相关法规

逐渐被揭示的政府监控计划和无处不在的商用高清街景拍摄项目，让一些美国人对无人机这种高效的监控拍摄飞行器产生了强烈的抵触情绪，这种情绪催生出了更多法案。截至 2014 年，美国联邦政府和 43 个州政府已颁布了 100 多项法案来限制无人机的商业应用，这使得拥有强大技术储备的美国在无人机商业航拍和农业监测方面的应用反而不如一些科研实力不及美国的国家。

2014 年 10 月，FAA 针对大型比赛出台规定，要求在赛前 1 h 到赛后 1 h 内，体育场周围 3 mile（约 4.83 km）内不得出现无人机（到场人数超过 3 万人的赛车场也适用该规定），违反这一规定的无人机驾驶员将面临为期一年的刑罚。

2015 年 FAA 发布声明，首都华盛顿特区以及里根国家机场周边 15 mile 半径范围内的区域都属于“禁飞区”。2015 年 9 月，FAA 将华盛顿特区的禁飞区半径从 15 mile 扩大到了 30 mile。FAA 还向美国航模学院（AMA）致信，要求该组织关闭旗下无人机俱乐部使用的 14 处飞行点。据悉，多达 36 个无人机俱乐部受到了 FAA 规则的影响，而且部分飞行点位于华盛顿特区以外的开阔地带。

2015 年 7 月，美国加利福尼亚州议员向众议院提交法案，要求对使用无人机干扰灭火工作的操控者处以 1 000~5 000 美元的罚款，同时处以最长 6 个月的拘留。

美国对公民隐私和个人财产有相当严格的保护法令。随着无人机的出现，美国有些州的法律进行了相关调整。亚利桑那州规定，一旦外来无人机飞到了私有财产上空，且其飞行高度与眼睛齐平的话，就被认定为非法入侵。爱达荷州规定，州内所有农场牧场和农业相关企业未经土地所有者的允许，都不得用无人机对其农产品进行监控。伊利诺伊州则分别颁布了约束执法部门和民间爱好者的两部法案来限制无人机的使用。

2015 年 10 月，美国加利福尼亚州州长杰里 • 布朗（Jerry Brown）在拒绝多项对无人机限制的提案后，签署了隐私保护扩大法案《AB 856》，以防止狗仔队利用无人机偷拍公众私有财产，该法案将禁止“派遣无人机在他人领地上空录音或拍照”纳入其中。不过，布朗并不欢迎其他对无人机使用加以限制的做法。他否决了一些提案，内容包括未经准入允许不得将无人机飞至他人财产上空，禁止公众在森林、学校和监狱使用无人机飞行等。

无人机的广泛应用使得现在美国的警察也开始配备无人机。2015 年美国北达科他州通过了《1328 法案》，该法案允许当地警察使用装备有泰瑟枪、催泪瓦斯、橡皮子弹等非致命性武器的无人机。

3.2.4 日本

近年来日本无人机失控造成的坠机事故与日俱增，甚至出现预谋的无人机威胁事件，这使日本政府和立法机构看到小型无人机对安全构成的严重挑战。日本针对无人机修订的《航空法》在 2015 年 12 月正式生效。该法规明确了四个禁止，分别是：

① 禁止质量为 200 g 以上的飞行器在机场附近、庆典和展览等人多拥挤场合，及全国所有人口集中地区飞行。人口集中地区是指人口密度 4 000 人 /km^2 或以上的地区，部分热门旅游地区均属人口集中地区。如果需要在禁飞区使用无人机，必须事先申请，申请者须附上飞行目的、无人机编号等数据。

② 禁止无人机在机场附近飞行。

③ 禁止无人机在涉及安全保障的设施上空飞行。

④ 所有地区原则上不允许无人机在夜间飞行。

该法规还要求，操控人员必须在目视范围内控制小型无人机飞行，同时禁止使用小型无人机携带和运输爆炸物等危险品。日本一架无人飞机的价格大概是 10 万 ~15 万日元，但如果违反上述四个禁止，将被处 50 万日元（约 3 万元人民币）以下的罚款。目前，东京都政府还有一些地方政府都相继修改了管理法，禁止无人机在其行政区域的上空飞行。

雅马哈公司在政府的鼓励下，已有 30 多年无人机开发生产的经验。虽然没有政府的无人机法规，日本无人机协会（JUAV）和日本农业航空协会早早制定了一套令制造商、运营商、甚至获得日本民航局（JCAB）政府部门尊重的自愿性标准。依照这些标准，2015 年日本已为大约 2 600 架无人机、1.1 万名飞手颁发了合格证。

在无线电管理方面，目前小型无人机主要使用无线保真（Wi-Fi）进行操控，但随着网络流量的增加，出现网络拥堵、很难发送高清影像的现象。此外，考虑到操控小型无人机的无线电波之间存在相互干扰的可能性，也有必要对相关使用规则做出进一步规范。为此，日本总务省将全面修改面向小型无人机的电波管理规定，将分配 5.7 GHz 频带和 2.4 GHz 频带中目前尚未使用的频带专供小型无人机使用，同时还将放宽对电波输出功率的限制。日本无人机的消费规范也在制定当中。

3.2.5 俄罗斯

2010 年 3 月《俄罗斯联邦空中管理条例》颁布。根据条例第 52 条规定，无人机使用必须提前提交申请，并且拿到相关许可。2016 年 1 月，有媒体报道称普京总统通过了无人机须注册的规定。根据该法律文件，所有 250 g 以上的私人拥有的无人机都必须向俄罗斯联邦航空运输署注册备案。这一新法律于 2016 年 3 月末开始正式实施，拥有无人机的个人或者企业都必须有指定人选对无人机安全飞行负责任。此外已注册的无人机使用者必须向地方空中交通管理部门提交飞行计划，计划被批准后，无人机驾驶员才能飞行。

俄罗斯是一个空中管制很严的国家，使用无人机必须提前申请。但现实情况是，一般个人和社会组织根本没有任何机会拿到这种许可。2014 年，俄罗斯一家公司开发出一种无人机，尝试与快餐连锁店合作，保证在 30 min 内送货上门。但根据俄罗斯法律，该商用无人机被勒令禁止的同时，其公司还被处以 50 万卢布的罚款。

相对于民用无人机的法律困境，俄罗斯的军队和政府部门却在大规模使用无人机。在俄罗斯内务部，已经有 12 支无人机飞行队伍，每个队伍由 5~8 台无人机组成。国防部甚至还设置了一个无人机特别培训中心，该中心在索契奥运会期间出色地完成各种任务。移民局使用无人机在边境线进行非法移民的监控，联邦药物管理署用来检测毒品的跨境运输情况，等等。

3.2.6 其他国家

2015 年 12 月沙特阿拉伯民航局（GACA）发布禁令，禁止使用无人机及其他所有远程遥控飞机在该国空域活动，以避免通过这些遥控飞机进行的间谍活动，以及减少对航空安全产生的威胁。

阿拉伯联合酋长国在修订航空法时出台了限制无人机使用的法规。根据该法规，驾驶配置摄像头的无人机是违法行为，无人机需要在民用航空器部门（GCCA）注册，获得批准后方可使用。如果无人机有可能对飞机、机场和航空服务设施产生危害，公民不得使用无人机。该法规于 2015 年 4 月生效。今后 GCCA 还将展开对民众的法律普及，使无人机驾驶者清楚相关法律，包括飞行器的飞行范围、航空管制和安全措施等。

澳大利亚 2015 年出台新规，限制无人机以避免其飞入着火区域。

新西兰有关无人机和模型飞机的监管法律于 2015 年 8 月生效，该法律事实上禁止游客在公共场所使用无人机航拍。根据规定，如果个人的无人机或模型飞机要飞过某块土地，需要事先征得土地所有人或“占用人”（比如恰好路过这块地的行人）的同意。也就是说，即使你得到了土地所有人的同意，还需要征得计划飞行区域内的所有人的认可。无人机只能在白天使用，同时不能飞出操控者肉眼视野范围，且高度不得超过 120 m。如需在夜间或超出规定距离使用，须获得民航管理局批准。同时，无人机必须为其他飞行器让路，不得在机场附近 4 km 范围内活动。当然新的规定给出了权宜方法，即支付 600 美元到新西兰民用航空管理局取得认证之后可以飞行。

3.3 我国的无人机相关法规

与国家体委主管的航模飞机不同，我国的无人机系统归属于民用航空器，由中国民用航空局（简称民航局）牵头管理。局内三个主要管理司局分别是飞行标准司、适航审定司和运输司。

近年来国内无人机产业呈爆发式增长，而管理却相对滞后。管理和应用往往是一对矛盾，又共同在矛盾中发展。“无人机 +”是指在应用中扩展领域，在领域中创造需求，在需求中发展进步。我国对无人机的应用，一方面通过制定行政法规进行管理，另一方面通过技术标准进行规范，避免一刀切地禁飞、限飞。近期随着《轻小无人机运行规定（试行）》《民用无人机驾驶员管理规定》等法规的出台，以及“无人机云”等技术平台的建立，监管问题得到初步解决。但由于无人机制造技术门槛相对较低，很难监管到所有的安全威胁。

无人机法规关注的重点包括：飞行空域、飞行器产品的适航性能（标准）、驾驶员、治安安全和作业后产品等，这些构成综合的法规管理体系。

3.3.1 通用航空和无人机相关法规的发展

我国通用航空的法规是比较完整的，对民用无人机的管理思路基本上是按照现有相关通用航空法规框架来进行发展和完善的。

《中华人民共和国民用航空法》（以下简称《民用航空法》）自1996 年 3 月 1 日起实施，并于 2015 年 4 月 24 日修正。《民用航空法》第一百四十五条：“通用航空，是指使用民用航空器从事公共航空运输以外的民用航空活动，包括从事工业、农业、林业、渔业和建筑业的作业飞行以及医疗卫生、抢险救灾、气象探测、海洋监测、科学实验、教育训练、文化体育等方面的飞行活动。”如果民用航空器未经空中交通管制部门许可飞行，将由国务院民用航空主管部门责令停止飞行，其所有人或承租人可能受到 1 万元以上、10 万元以下的罚款。对于飞行活动严重干扰空中交通秩序、威胁航空安全的，还可能因涉嫌危害公共安全罪被追究刑事责任。

《中华人民共和国飞行基本规则》于 2000 年 7 月 24 日由国务院、中央军委第 288 号令公布，2001 年 7 月 27 日第一次修订，2007 年 10 月 18 日第二次修订。其中第二十七条规定：“升放无人驾驶航空自由气球或者可能影响飞行安全的系留气球，须经有关飞行管制部门批准”。可见当时对航模、无人机等尚没有关注，第三十五条规定：“所有飞行必须预先提出申请，经批准后方可实施”。

航空法规关注到无人机最早是在 2003 年。2003 年 5 月 1 日，我国开始施行《通用航空飞行管制条例》，其中无人机相关的条款包括：“第二条在中华人民共和国境内从事通用航空飞行活动，必须遵守本条例。第三条 本条例所称通用航空，是指除军事、警务、海关缉私飞行和公共航空运输飞行以外的航空活动，包括从事工业、农业、林业、渔业、矿业、建筑业的作业飞行和医疗卫生、抢险救灾、气象探测、海洋监测、科学实验、遥感测绘、教育训练、文化体育、旅游观光等方面的飞行活动。第四条 从事通用航空飞行活动的单位、个人，必须按照《中华人民共和国民用航空法》的规定取得从事通用航空活动的资格，并遵守国家有关法律、行政法规的规定。第四十一条 从事通用航空飞行活动的单位、个人违反本条例规定，有下列情形之一的，由有关部门按照职责分工责令改正，给予警告；情节严重的，处 2 万元以上 10 万元以下罚款，并可给予责令停飞 1 个月至 3 个月、暂扣直至吊销经营许可证、飞行执照的处罚；造成重大事故或者严重后果的，依照刑法关于重大飞行事故罪或者其他罪的规定，依法追究刑事责任：（一）未经批准擅自飞行的；（二）未按批准的飞行计划飞行的；（三）不及时报告或者漏报飞行动态的；（四）未经批准飞入空中限制区、空中危险区的。”以上条文明确了无人机用于民用业务飞行时，须当作通用航空飞机对待。因当时很少有民用中小型无人机，所以条例中也没有从质量或功能上对无人机进行分级管理。

一般认为，当无人机的载荷、升空高度与航程达到一定标准，就属于通航产业范畴了。目前无人机作为通用航空的组成部分，各地区飞行管制部门按照《通用航空飞行管制条例》要求受理无人机飞行计划。但目前只受理企业用户的飞行计划申请，暂不受理个人用户的飞行计划申请。

以上法规对各种航空器的适航、飞行等进行了统一规定，虽然对无人机没有具体的针对性要求，但有关要求如果推而广之至无人机，明显各类无人机飞行至少都是处于违法的边缘。

2009 年 6 月，民航局空中交通管理局和空管行业管理办公室发布《民用无人机空中交通管理办法》（MD-TM-2009-002），主要解决无人机的空域管理问题。该办法明确要求：“组织实施民用无人机活动的单位和个人，应当按照规定申请划设和使用空域，接受飞行活动管理和空中交通服务，保证飞行安全。”由于当时小微型无人机还没有成规模应用，文件主要着眼大中型无人机的管理。

2009 年 7 月，民航局航空器适航审定司发布了《关于民用无人机管理有关问题的暂行规定》（ALD2009022），要求任何民用无人机在飞行前必须办理“临时登记证”和“特许飞行证”，并明确规定：“拥有临时登记证和特许飞行证的民用无人机，应当按照空中交通管理、运行管理和无线电管理等部门的要求和规则运行”，并特别标注“本文所言民用无人机不包括航空运动模型”。

2012 年 1 月，民航局适航审定司颁发了适航管理文件《民用无人机适航管理工作会议纪要》(ALD-UAV-01)。

2013 年 11 月，民航局飞行标准司发布《民用无人驾驶航空器系统驾驶员管理暂行规定》(AC-61-FS-2013-20)，该规定于 2016 年进行了修订。

2014 年 7 月，国务院、中央军委空中交通管制委员会(以下简称“国家空管委”)发布《低空空域使用管理规定(试行)》(征求意见稿)，从空域分类划设、空域准入使用、飞行计划审批报备、相关服务保障、行业监管和违法违规飞行查处等 5 大方面，对低空空域的管理使用进行了规定。

2015 年 4 月，民航局发布《关于民用无人驾驶航空器系统驾驶员资质管理有关问题的通知》，明确中国航空器拥有者及驾驶员协会(中国 AOPA)负责无人机驾驶员的资质管理，包括在视距内运行的空机质量大于 7 kg 的无人机驾驶员和在隔离空域超视距运行的无人机驾驶员。民航局飞行标准司负责对中国 AOPA 的管理工作进行监督和检查。

2015 年 12 月，民航局飞行标准司正式发布《轻小无人机运行规定(试行)》(AC-91-FS-2015-31)。这是我国专门针对无人机进行管理的第一部行政规定(咨询通告)。《轻小无人机运行规定(试行)》主要内容包括：给出了无人机等相关名词规范的定义或内涵；按质量将无人机分为大小 7 类；在民用无人机驾驶操作方面，明确无人机机长的职责和权限，以及驾驶员资格要求；对摄入酒精和药物的限制等作了规定；对飞行的规定包括飞行前准备、飞行限制区域、视距内运行(Visual Line of Sight Operations，VLOS)、超视距运行(Beyond VLOS，BVLOS)等加以规定；明确了民用无人机使用说明书、民用无人机运行的仪表、设备和标识要求；明确指出民用无人机管理方式包括对民用无人机的运行管理和无人机运营人的管理；提出“无人机云”的管理平台概念和基本内容，并对提供商所需要具备的条件做了说明；单独给出了植保无人机运行要求，以及无人飞艇运行要求。

2016 年 7 月，民航局飞行标准司发布《民用无人机驾驶员管理规定》(AC-61-FS-2016-20R1)，对原《民用无人驾驶航空器系统驾驶员管理暂行规定》进行了修订。主要内容包括重新调整无人机分类和定义，新增管理机构管理备案制度，取消了原部分运行要求。该规定共包含目的、适用范围、法规解释、定义、管理机构、行业协会对无人机系统驾驶员的管理、局方对无人机系统驾驶员的管理、修订说明和咨询通告施行 9 个部分。

我国无人机相关管理规定正在编制和征求意见的还有《使用民用无人驾驶航空器系统开展通用航空经营活动管理暂行办法》等。

3.3.2 无人机分类和驾驶员管理规定

世界各国对于无人机几乎都是在分类的基础上进行管理的。无人机系统分类方式较多，《轻小无人机运行规定(试行)》基本上是按质(重)量将无人机分成7大类。2013年民航局飞行标准司发布的《民用无人驾驶航空器系统驾驶员管理暂行规定》中，将无人机分为微型无人机、轻型无人机、小型无人机和大型无人机4类；2016年7月《民用无人机驾驶员管理规定》颁布，全面系统地明确了我国无人机分类体系，共9个类别，以罗马数字表示。相比《轻小无人机运行规定（试行）》的分类方法，前7类完全一样，增加了第Ⅺ和第Ⅻ类。分类表中从Ⅶ～Ⅺ之间暂缺，是为今后行业无人机等类别预留的类别。为便于理解，表3-1采用新分类的同时，另加了一列一般中文常用的表述。同时规定在实际运行中，当Ⅰ、Ⅱ、Ⅲ、Ⅳ、Ⅺ类分类有交叉时，按照较高要求分类进行；对于串、并列运行或者编队运行的无人机，按照总质量分类；地方政府对于Ⅰ、Ⅱ类无人机质量界限低于本表规定的，以地方政府的具体要求为准。

表3-1　《民用无人机驾驶员管理规定》无人机分类和一般表述

分类	空机质（重）量/kg	起飞全重/kg	一般表述
Ⅰ	$0 < W \leqslant 1.5$		超微型
Ⅱ	$1.5 < W \leqslant 4$	$1.5 < W \leqslant 7$	微型
Ⅲ	$4 < W \leqslant 15$	$7 < W \leqslant 25$	小型
Ⅳ	$15 < W \leqslant 116$	$25 < W \leqslant 150$	轻型
Ⅴ	植保类无人机		
Ⅵ	无人飞艇		
Ⅶ	超视距运行的Ⅰ、Ⅱ类无人机		
Ⅺ	$116 < W \leqslant 5\,700$	$150 < W \leqslant 5\,700$	中型、大型
Ⅻ	$W > 5\,700$		重型

该文件在“定义”部分，统一了“民用无人机驾驶员”的名称和意义，以及“视距内运行”“空机质（重）量”“隔离空域”“人口稠密区”和“无人机云系统”等常用名词的定义。

按照上述无人机分类标准，同时对无人机系统驾驶员提出了相应的分类管理要求。无人机系统驾驶员分为一般“驾驶员”和“机长”。无人机系统驾驶员管理基本思路是按安全性分为以下三种情形进行管理。

1. 备案制度

对于安全风险很低、非故意情况下很难造成重大伤害的一类无人机，采用备案制度管理，无人机系统驾驶员自行负责，无须证照管理。这包括Ⅰ、

Ⅱ类（即全质（重）量≤ 7 kg）、在目视视距半径 500 m 以内、人机相对高度不超过 120 m 范围内的无人机以及在室内运行的无人机，在人烟稀少、空旷的非人口稠密区进行试验的无人机，但应尽可能避免遥控飞机进入过高空域。根据社会公众对其认知和普遍期望，要求Ⅰ、Ⅱ类无人机驾驶员在网上可使用“无人机云”系统进行免费注册和备案，备案内容应包括驾驶员真实身份信息、所使用的无人机型号，并定期通过自学和在线法规考试。

应该注意到，无人机监管不仅有质量指标，还有飞行距离、高度等指标。专业航拍多旋翼、测绘固定翼等多类无人机，虽然质量不超过 7 kg，但它们的飞行几乎都会超视距、超高度；另外产品设计可在 500 m 之外超视距运行的无人机，列为第Ⅶ类，是需要对驾驶员进行证照管理的。可见，达到免于证照管理的标准还是较为严格的，几乎只是最简单的娱乐用微型无人机。

2. 培训合格证

对于具有一定安全风险性、社会关注度较高的轻、小型无人机，驾驶员需要经过培训并取得培训合格证方可实施飞行。民航局委托中国 AOPA 实施驾驶员管理，局方飞行标准部门进行监督。这类无人机包括在隔离空域内运行的除Ⅰ、Ⅱ类以外的无人机，在融合空域内运行的Ⅲ、Ⅳ、Ⅴ、Ⅵ、Ⅶ类无人机。

3. 飞行执照

在融合空域运行的Ⅺ、Ⅻ类无人机，即中型、大型、重型专业无人机属于安全风险较高的一类，操作者需要先取得私用驾驶员执照或以上，由民航局局方进行管理。私用驾驶员执照并不是后续讲到的 AOPA 无人机培训合格证。

2015 年 4 月，中国 AOPA 获得中国民航局授予的无人机驾驶人员资质管理权。据悉这是中国 AOPA 第二次获得民航局授权，第一次批复授权一年时间，第二次批复授权时间是 2015 年 4 月 30 日—2018 年 4 月 30 日（此后每三年审批一次）。《民用无人机驾驶员管理规定》还对行业协会进一步明确了要求，规定其应该：建立驾驶员考试体系和标准化考试流程，实现驾驶员训练、考试全流程电子化实时监测；建立驾驶员管理体系，可以统计和管理驾驶员在持证期间的运行和培训的飞行经历、违章处罚等记录。

3.3.3 无人机空域管理

1. 无人机空域管理整体要求

《民用航空法》对航空器空域使用有相关规定：“第七十条 国家对空

域实行统一管理。第七十四条 民用航空器在管制空域内进行飞行活动，应当取得空中交通管制单位的许可。第二百零七条 违反本法第七十四条的规定，民用航空器未经空中交通管制单位许可进行飞行活动的，由国务院民用航空主管部门责令停止飞行，对该民用航空器所有人或者承租人处以一万元以上十万元以下的罚款。”

无人机数量多，飞行速度慢，作业时间随意性强，这些特点往往令传统的空中交通管制方式无所适从。另外随着技术的日新月异，今后无人机有可能在空中停留数天、数周或更久，增加了空中安全不可控制的风险。这就需要建立一个无人机专用的空中交通管制系统。针对此类情况，2009 年 6 月，民航局空中交通管理局和民航局空管行业管理办公室发布《民用无人机空中交通管理办法》（MD-TM-2009-002），该文件主要解决无人机的空域管理问题，对空域管理、空中交通管理、无线电频率和设备的使用等方面给出了明确的要求。具体要求包括：民航空管单位应当按照有关法规和本规定的要求对民用无人机飞行活动进行空中交通管理；组织实施民用无人机活动的单位和个人应当按照《通用航空飞行管制条例》等规定申请划设和使用空域，接受飞行活动管理和空中交通服务，保证飞行安全；申请划设民航无人机临时飞行空域时，应当避免与其他载人民用航空器在同一空域内飞行。所有这些都很明确地体现了民航局的管理思路，即无人机应当在为无人机划设的专用空域（之前所提到的隔离空域）内飞行，不能在融合空域飞行，且飞行要向空管部门申请飞行空域和计划，得到批准后才能活动。

常见的“低空开放”概念是一个不准确的用词，因为我国的低空从未关闭过，所以也就不存在“开放”，业内的讲法是低空的有序使用。2014 年 7 月，国务院、国家空管委发布了《低空空域使用管理规定（试行）》（征求意见稿）（以下简称《意见稿》），明确“低空空域”原则上是指全国范围内真高 1 000 m（含）以下区域。山区和高原地区可根据实际需要，经批准后可适当调整高度范围。《意见稿》从空域分类划设、空域准入使用、飞行计划审批报备、相关服务保障、行业监管和违法违规飞行查处等 5 大方面，对低空空域的管理使用进行了规定，是我国低空空域使用管理的基本依据。按照《意见稿》将低空空域划分为三个种类：

① 管制空域：航空用户申请飞行计划，空管部门掌握飞行动态，实施管制指挥；

② 监视空域：航空用户报备飞行计划，空管部门监视飞行动态，提供飞行情报和告警服务；

③ 报告空域：航空用户报备飞行计划，向空管部门通告起飞和降落时刻，自行组织实施，空管部门根据用户需要，提供航行情报服务。

目前，综合各类航空用户需求，充分考虑地域因素和通航飞行特点，我国划设有122个管制空域、63个监视区域、69个报告区域和12条低空目视航线。通用航空飞行只向一个单位申报飞行计划：建有飞行服务站的地区，通过飞行服务站受理飞行计划；未建飞行服务站的地区，依托军用和民用运输机场的由所在机场空管部门受理飞行计划；不依托机场的由所在地区飞行管制分区主管部门直接受理或指定相关军民用机场空管部门受理飞行计划。《意见稿》没有任何无人机的相关文字，对无人机的管理尚为“灰色区域”。

我国的现实情况是，空域的划分（对于普通用户）并不明确，空域审批机制尚不透明，个人（即没有企业、组织等实体的情况下）申请使用空域基本上不受理，缺乏低空通信、监视及目视飞行航图等关键基础设施。而且这个划分与无人机的运行没有直接关系，仅有参考意义。但可以推断，以后以休闲娱乐为目的的无人机运行应该在以上三种空域之内。

《民用无人机驾驶员管理规定》明确：“融合空域，是指有其他有人驾驶航空器同时运行的空域；隔离空域，是指专门分配给无人机系统运行的空域，通过限制其他航空器的进入以规避碰撞风险。”

主管部门定义“无人机禁飞区”为未经批准不得擅自进行任何运营操作的区域；定义“无人机限飞区”为限制飞行的区域，进入这类区域的无人机要有一定的质量限制，必须具备使其易于识别的功能，并且这种空域具备自动限制的功能。我国重点关注无人机管理的地区有北京、上海等特大和大城市居住区，以及机场、军事禁区、党政机关等特殊区域。在重大活动期间，地方政府和空管部门出于安保的考虑，通常也会对无人机进行限飞管理。早在2010年广州亚运会期间政府就公示了无人机限飞令，现在北京每年的国庆期间、2015年北京纪念抗日战争胜利70周年，均向社会公示了无人机限飞指令。2016年为确保G20杭州峰会顺利举行，依据浙江省人民政府《关于对小型航空器和空飘物采取临时性管理措施的决定》，自2016年9月1日至6日，对浙江省区域内小型航空器和空飘物采取临时性管理措施。在G20峰会前，公安机关会同民航、气象、体育等部门对小型航空器和空飘物进行登记；要求相关单位或人员对其管理、使用的小型航空器和空飘物予以临时封存，必要时也可以直接采取临时封存措施。无人机等物品持有人或单位应及时向当地公安机关备案或在社区（村）入户访查时如实提供信息。2017年4~5月，成都双流机场频遭疑似无人机骚扰，民航安全和秩序受到极大威胁。公安部门几乎全市域限飞，市民举报“黑飞”成功将获万元奖励。这些都是在特定的时间对小型航空器和空飘物进行的安全管理。

《民用无人机驾驶员管理规定》同时还指出，在视距内运行的微型无人机，或在人烟稀少、空旷的非人口稠密区进行试验的无人机，由驾驶员自行负责，无须进行证照管理。

2. 机场净空保护区管理相关法规

（1）净空保护区的定义和边界

民用机场的净空保护区，多年来一直有明确的定义。国务院令第553号《民用机场管理条例》（2009）“第四十六条　民用机场所在地地区民用航空管理机构和有关地方人民政府，应当按照国家有关规定划定民用机场净空保护区域，并向社会公布。”

中国民用航空总局《民用机场运行安全管理规定》（2007）明确，“第一百五十八条　机场管理机构应当积极协调和配合当地政府城市规划行政主管部门按照相关法律法规、规章和标准的规定制定发布机场净空保护的具体管理规定……”。“第一百六十六条：“在机场障碍物限制面范围以外、距机场跑道中心线两侧各10 km，跑道端外20 km的区域内，高出原地面30 m且高出机场标高150 m的物体应当认为是障碍物，除非经专门的航行研究表明它们不会对航空器的运行构成危害。”

随后华北、华东等大区域民航管理部门的文件，据此范围进一步明确了机场净空区。例如，民航华北管理局《华北地区民用机场净空障碍物管理办法》（2013）“第一款 民用机场净空保护区是指机场远期规划跑道中心线两侧各10 km、跑道端外20 km的区域，主要包括净空障碍物限制面、外水平面、机场电磁环境保护区域和部分飞行程序保护区域。”《华东地区民用机场净空保护区建设项目管理程序（2012年版）》“第三条 民用机场净空保护区（以下简称净空保护区）是指机场远期规划跑道中心线两侧各10 km、跑道端外20 km的区域。”小型4C类单跑道机场净空区至少850 km^2，两跑道的大型机场其净空区约1 000 km^2，首都机场等更大型机场的净空区可达1 600 km^2或更大。

《北京市民用机场净空保护区域管理若干规定》（自2010年11月1日起施行）明确，“第二条 市人民政府和民用机场所在地地区民用航空管理机构，按照有关规定划定本市民用机场净空保护区域，并向社会公布。”“第三条 民用机场净空保护区域所在地区县人民政府负责相关区域内民用机场净空保护管理工作。”即认定由“地区民航管理机构”来“划定本市民用机场净空保护区域”，并由“区县人民政府负责相关区域内民用机场净空保护管理工作”。

（2）净空保护区对无人机行为的限制和违规处罚

在净空保护区不能从事无人机飞行娱乐和作业等行为。《民用机场管理条例》（2009）“第四十九条　禁止在民用机场净空保护区域内从事下列活动……（五）放飞影响飞行安全的鸟类，升放无人驾驶的自由气球、系留气球和其他升空物体；”“第七十九条　违反本条例的规定，有下列情形之一的，由民用机场所在地县级以上地方人民政府责令改正；情节严重的，处2万元以上10万元以下的罚款。”

中国民用航空总局《民用机场运行安全管理规定》（2007）第一百五十九条也进行了相似的表述。

3.3.4 无人机的适航管理

1. 适航管理规定

适航是飞机这种工业产品上天飞行的最低安全标准。2009年中国民航局航空器适航审定司发布了《关于民用无人机管理有关问题的暂行规定》（ALD2009022），明确当前我国无人机适航管理是对无人机作适航检查而不作适航审定，暂不办理标准适航证，无人机可办理Ⅰ类特许飞行证。因此，对于无人机研制企业来说，在我国当前获取的是Ⅰ类特许飞行证而非标准适航证。对民用无人机进行评审需要按照现行有效的规章和程序的适用部分来进行。我国现阶段无人机评审的基本原则是：

① 进行设计检查，但不进行型号合格审定，不颁发型号合格证；

② 进行制造检查，但不进行生产许可审定，不颁发生产许可证；

③ 进行单机检查，但不进行单机适航审查，不颁发标准适航证。

2012年1月，民航局适航审定司颁发了适航管理文件《民用无人机适航管理工作会议纪要》，明确了单机检查以《民用航空器及其相关产品适航审定程序》（AP-21-AA-2008-05）为基础，制定具体检查单和检测方法；以具体使用环境下能安全飞行为标准，以确定使用限制为重点，颁发Ⅰ类特许飞行证，这一般是针对大型无人机的技术要求。

《民用无人驾驶航空器系统适航管理要求（暂行）》和《民用无人驾驶航空器系统特殊适航证颁发和管理程序》正在征求意见，其中规定对于最大起飞重量（MTOW）≤ 250 g的民用无人驾驶航空器系统无须向民航局申请适航证件；而对于最大起飞重量大于250 g的民用无人驾驶航空器系统则需按照特殊类、限用类、标准类的分类方式申请相应的适航证件。

2012年以来，中华人民共和国工业和信息化部（简称“工信部”）已经就无人机企业的准入问题，启动了《民用无人机研制单位基本条件及评价方法》的研究。该研究由中国航空综合技术研究所牵头，旨在规范制造业市场竞争秩序，引导行业基本资源与能力需求，引导资源配置、技术研究与管理水平的发展方向，促进国内民用无人机产业的健康快速发展。

2. 无人机质量和使用现状不容乐观

目前的无人机质量现状是，一方面无人机生产技术门槛和操作门槛不高，另一方面无人机对避免故障的要求十分苛刻，近乎是零容忍。任何一个环节的失误，如不成熟的产品设计，电子设备因为长时间飞行而过热死机，电子传感器受到干扰，侧风条件飞控反应不及时等，都会使无人机发生空中意外坠落；在净空、没高压线、没怪风、无金属矿的情况下，无人机也可能发生突然失联或摔落，这些都是俗称的“炸机”情况。“炸机”事故不仅造成无人机毁坏，而且会给地面人员和财产安全带来极大影响。

随着无人机愈来愈普及，应尽快制定无人机的产品标准，同时对愈来愈多的无人机飞手普及安全飞行知识。

3.3.5 治安法规等涉及无人机使用的规定

2017 年 1 月，公安部发布《中华人民共和国治安管理处罚法（修订公开征求意见稿）》向社会公开征求意见，为期一个月。现行《治安管理处罚法》并未对无人机等航空器材作出规定，此次征求意见稿则在第四十六条特别增加规定称，违反国家规定，在低空飞行无人机、动力伞、三角翼等通用航空器、航空运动器材，或者升放无人驾驶自由气球、系留气球等升空物体的，处五日以上十日以下拘留；情节较重的，处十日以上十五日以下拘留。特殊违法，涉及军事安全、测绘等保密事项、造成人身和财产重大损失的，分别适用其他有关法律法规。

3.3.6 无人机“黑飞”的界定

根据 2015 年中国 AOPA 发布的《中国无人机报告》，我国目前有上万架无人机处于“黑飞”状态。所谓无人机的“黑飞”，泛指非法的、未经批准的、使用不具备有关证书的飞行器，及飞行超出有关范围、无驾驶员资格的飞行活动，包括出于盈利等各种主观意愿故意、可能危及社会的违法飞行。“黑飞”的界定，涉及无人机的性能、分类、使用空域、驾驶员资格等方面。

1. 无人机的性能和分类

按照《民用航空法》《通用航空飞行管制条例》等法规，“民用航空器在管制空域内进行飞行活动，应当取得空中交通管制单位的许可”。

如果无人机被认为属于广义航空器，就要有产品的适航证书，包括了国际登记证、试航证以及电台执照等。

如果所有飞行器包括无人机、飞艇、航模、气球等，不分大小、一律被认定为“民用航空器”的话，那么无人机的飞行流程其实和有人飞机并没有区别：首先作为个人，需要向民航地区管理局申请非经营性通用航空登记；

其次拿到登记证书后，每次在管制空域内（目前我国没有非管制空域）飞行时，都要按照《通用航空飞行管制条例》的要求，在飞行前1天的15:00之前向管制单位提交申请，批准后第二日方可实施。

可以确定的是，当无人机的载荷、升空高度与航程达到一定标准，就属于通航产业范畴了，适用于以上法规。但一定规格以下的小微型无人机，是否是通用航空相关法律的调整对象？如何进行飞行、驾驶员、适航认证的证照管理？目前尚无定论。

2. 无人机的使用空域

我国尚未明确划定无人机可使用的空域，也没有管理部门授予无人机的飞行许可。具体实践中，在机场、军事和政府设施、广场等明确要求避开的人员密集区内、超过一定高度（120 m）空域并涉及测绘等保密规定的飞行活动，都会被认定为“黑飞”。而在空旷地区、非敏感空间范围内，无恶意和不产生危害的飞行，一般不会被追究。近期民航局认定了U-CLOUD等无人机飞行申请平台的运营，可以理解为在平台上经过批准的飞行告别了“黑飞”。

3. 驾驶员资格

《民用无人机驾驶员管理规定》中有3种情况不需要持照飞行：

① 室内飞行；

② 在视距内飞行的微型以下无人机，但理论上需要申报飞行计划；

③ 在空旷无人区做实验的无人机飞行，如河流、海上或沙漠等空旷的地方。

除此之外，从驾驶员资格方面来看，驾驶7 kg以上无人机、没有民航局认定的由中国AOPA颁发的无人机驾驶员证书的，即被认定为“黑飞”。

3.4 无人机驾驶员驾驶培训

3.4.1 管理机构和管理要求

在无人机普及之前，民间爱好者和运动员主要是操作遥控航空模型，由中国航空运动协会（ASFC）颁发遥控航空模型飞行员执照，简称“RC飞行员执照”。

中国民航局于2016年7月颁布的《民用无人机驾驶员管理规定》明确：本咨询通告针对目前出现的无人机系统的驾驶员实施指导性管理，并将根据行业发展情况随时修订，最终目的是按照国际民航组织的标准建立我国完善的民用无人机驾驶员监管体系。

该规定还明确，由中国 AOPA 负责颁发驾驶员训练机构临时合格证，并对训练机构的申请条件、场地限制、课程设置、训练质量等相关内容进行了说明。中国 AOPA 自 2014 年 4 月 30 日正式开始委托相关企业培训无人机驾驶员，培训合格者由中国 AOPA 颁发证书。2015 年 4 月民航局以民航文〔2015〕34 号《关于民用无人驾驶航空器系统驾驶员资质管理有关问题的通知》，第二次授权中国 AOPA 无人机驾驶人员的资质管理。批文中明确：

“一、自 2015 年 4 月 30 日起，由中国航空器拥有者及驾驶员协会继续按照相关法律法规及规范性文件负责在视距内进行的空机重量大于 7 千克以及在隔离空域超视距进行的无人机驾驶员的资格管理。

“二、民航局飞行标准司负责对中国航空器拥有者及驾驶员协会的管理工作进行监督和检查。

“三、本通知的有效期至 2018 年 4 月 30 日。”

根据《行政许可法》《国务院机构改革和职能转变方案》（2013），中国 AOPA 受政府委托颁发训练合格证。在目前没有相关法律法规出台前的特定时期，这个训练合格证相当于执照。中国 AOPA 负责全国培训机构的审定，教学大纲、教学手册、教学质量、考试和发证等规则的制定，没有市场经营权，对培训机构的定价没有干预的权利。目前，民航局尚未委托其他协会或机构进行培训及证书管理，也可以理解为后续申报空域、飞行计划等的基本要求，将与中国 AOPA 证书直接挂钩。

3.4.2 中国 AOPA 和培训机构

国际航空器拥有者及驾驶员协会（International Aircraft Owners and Pilots Association，IAOPA）是国际民航组织下属的最大协会。中国 AOPA 是 IAOPA 的国家会员，作为其在中国（包括中国香港、中国澳门、中国台湾）的唯一合法代表，于 2004 年 8 月 17 日在中国国家民政部登记注册。中国 AOPA 由中国民航局进行业务指导，是我国无人机领域沟通政府、民间社团和企业的牵头社团组织（非政府组织）。

图 3-2 中国 AOPA 的徽标

3.4.3 《民用无人机驾驶员合格审定规则（暂行）》简述

根据《民用无人机驾驶员管理规定》(AC-61-FS-2016-20R1)，中国AOPA负责管理视距内运行的空机质量大于7 kg以及在隔离空域超视距运行的无人机驾驶员的人员资质。为在局方授权范围内规范民用无人机驾驶员的合格审定工作，中国AOPA于2016年11月9日通过了《民用无人机驾驶员合格审定规则（暂行）》（以下简称《审定规则》），自2016年12月1日起施行。《审定规则》共有6部分内容，包括：总则、一般规定、驾驶员合格证、机长等级、教员等级和罚则，从无人机相关定义、适用范围、无人机驾驶员合格证考试要求和标准、合格证等级划分、考试作弊等方面，十分全面地阐释了无人机驾驶员合格证的相关规定。

1. 关于无人机等级划分及其驾驶员等级划分标准

民用无人机驾驶员合格证分为驾驶员、机长、教员三类。这三类合格证又依据类别等级（如固定翼、多旋翼）及级别等级（按无人机质量划分）分为多种合格证。

2. 合格证有效期限及其更新

无人机驾驶员合格证的有效期限为两年，合格证持有人应在合格证有效期期满前三个月内向无人机管理办公室申请重新颁发合格证。

3. 有效期内合格证变更和补发

合格证持有人需要变更合格证上的个人信息，或合格证遗失或损坏后，持有人可以向AOPA办公室申请变更或补发。

4. 驾驶员、机长、教员合格证申请条件及持有权限

无人机驾驶员合格证申请条件及持有权限如图3–4所示。

机长与驾驶员合格证申请条件比较相似，主要是在驾驶员要求的基础上增加了空域申请、与空管通信、航线规划、任务执行指挥等技能要求，以及通过控制站对无人机进行操作等内容。

教员合格证的要求与前两种有较大不同。首先，在申请人的年龄和学历上都有较大提升，分别为18岁和高中（含）学历以上；其次，申请人的知识要求等方面更加注重无人机教学的内容。

5. 合格证相关处罚

① 对考试作弊行为的处罚。对于出现违反办公室制定的按照本规则组织的考试中禁止行为的合格证申请人，由办公室予以警告，申请人自该行为被发现之日起一年内不得申请驾驶员合格证及参加相关考试。

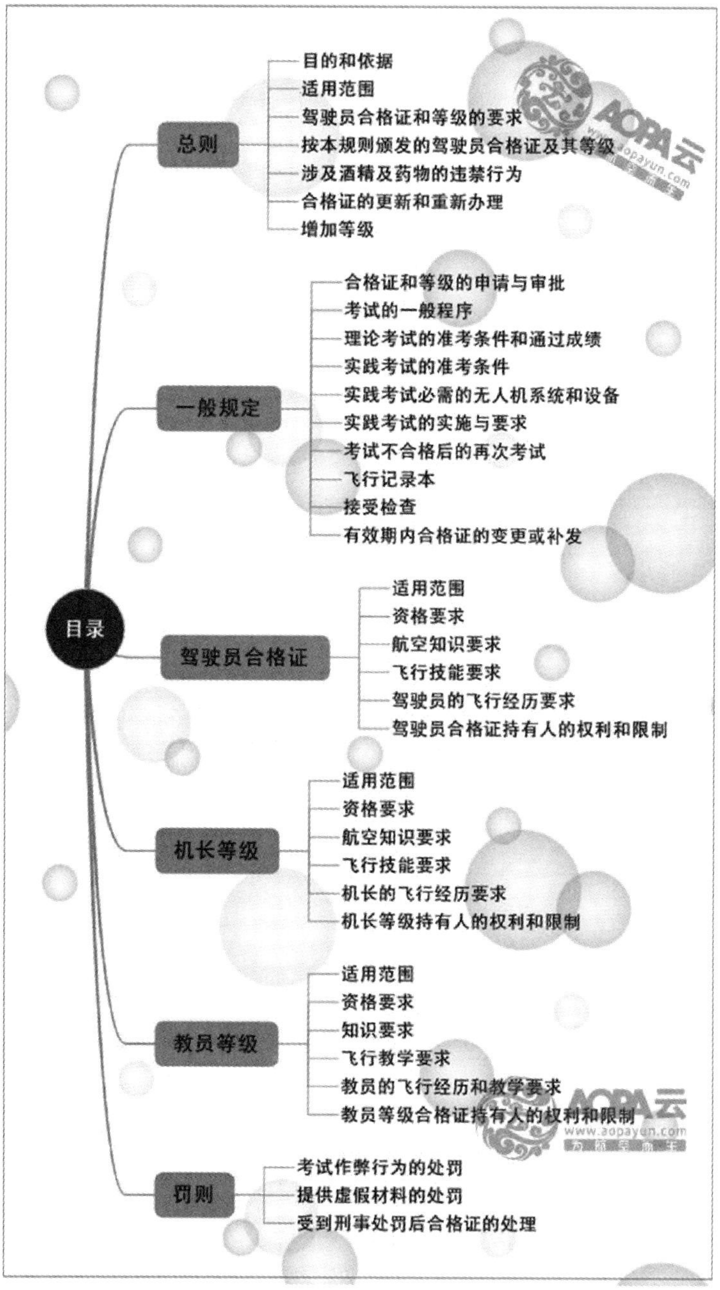

- 目录
  - 总则
    - 目的和依据
    - 适用范围
    - 驾驶员合格证和等级的要求
    - 按本规则颁发的驾驶员合格证及其等级
    - 涉及酒精及药物的违禁行为
    - 合格证的更新和重新办理
    - 增加等级
  - 一般规定
    - 合格证和等级的申请与审批
    - 考试的一般程序
    - 理论考试的准考条件和通过成绩
    - 实践考试的准考条件
    - 实践考试必需的无人机系统和设备
    - 实践考试的实施与要求
    - 考试不合格后的再次考试
    - 飞行记录本
    - 接受检查
    - 有效期内合格证的变更或补发
  - 驾驶员合格证
    - 适用范围
    - 资格要求
    - 航空知识要求
    - 飞行技能要求
    - 驾驶员的飞行经历要求
    - 驾驶员合格证持有人的权利和限制
  - 机长等级
    - 适用范围
    - 资格要求
    - 航空知识要求
    - 飞行技能要求
    - 机长的飞行经历要求
    - 机长等级持有人的权利和限制
  - 教员等级
    - 适用范围
    - 资格要求
    - 知识要求
    - 飞行教学要求
    - 教员的飞行经历和教学要求
    - 教员等级合格证持有人的权利和限制
  - 罚则
    - 考试作弊行为的处罚
    - 提供虚假材料的处罚
    - 受到刑事处罚后合格证的处理

AOPA云 www.aopayun.com

图 3-3 《审定规则》主要内容（中国 AOPA 官网）

② 对于出现违反办公室制定的按照本规则组织的考试中禁止行为的合格证持有人，由办公室予以警告同时责令当事人立即停止飞行运行并交回已取得的驾驶员合格证，驾驶员合格证被撤销之日起三年内，当事人不得申请驾驶员合格证及参加考试。

③ 对提供虚假材料的处罚。提供虚假材料的申请人，由办公室予以警告，申请人一年内不得申请驾驶员合格证及参加相关考试；对于违反本条规定的合格证持有人予以警告，同时责令当事人立即停止飞行运行并交回已取得的驾驶员合格证，驾驶员合格证被撤销之日起三年内，当事人不得申请驾驶员合格证及参加考试。

6. 受到刑事处罚后合格证的处理

本规则合格证持有人受到刑事处罚期间，不得行使所持合格证赋予的权利。

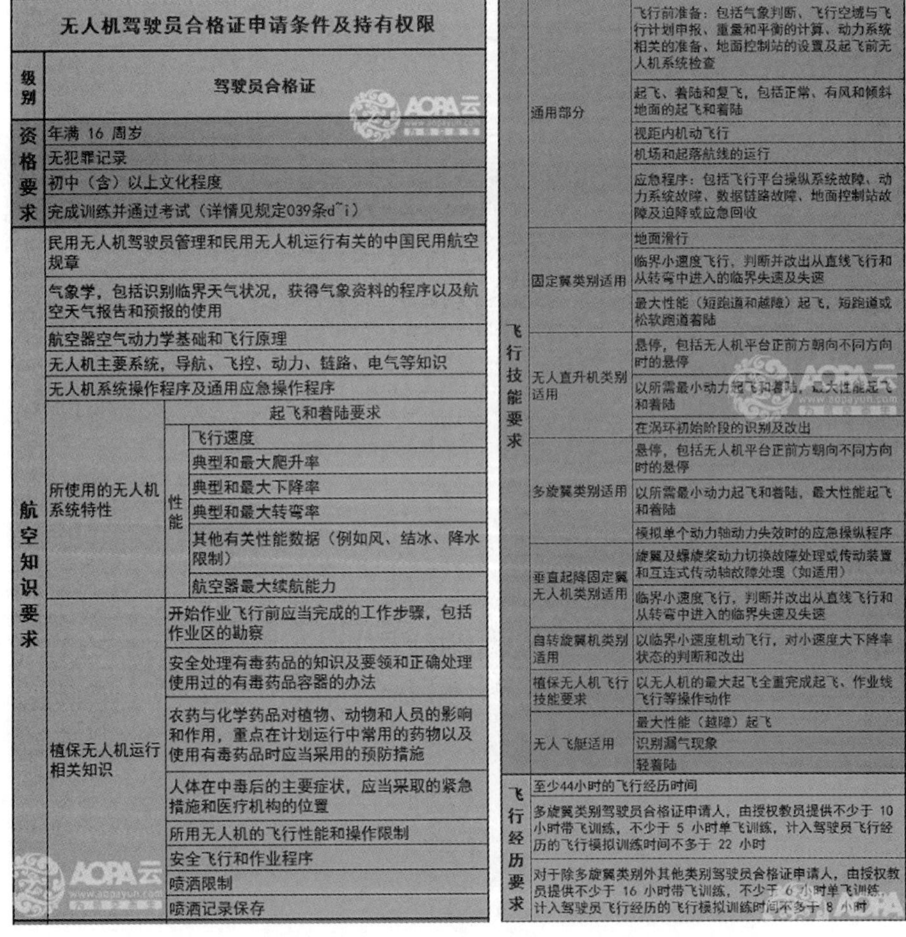

无人机驾驶员合格证申请条件及持有权限

级别	驾驶员合格证		
资格要求	年满 16 周岁		
	无犯罪记录		
	初中（含）以上文化程度		
	完成训练并通过考试（详情见规定039条d~i）		
航空知识要求	民用无人机驾驶员管理和民用无人机运行有关的中国民用航空规章		
	气象学，包括识别临界天气状况，获得气象资料的程序以及航空天气报告和预报的使用		
	航空器空气动力学基础和飞行原理		
	无人机主要系统，导航、飞控、动力、链路、电气等知识		
	无人机系统操作程序及通用应急操作程序		
	所使用的无人机系统特性	起飞和着陆要求	
		性能	飞行速度
			典型和最大爬升率
			典型和最大下降率
			典型和最大转弯率
			其他有关性能数据（例如风、结冰、降水限制）
			航空器最大续航能力
	植保无人机运行相关知识	开始作业飞行前应当完成的工作步骤，包括作业区的勘察	
		安全处理有毒药品的知识及要领和正确处理使用过的有毒药品容器的办法	
		农药与化学药品对植物、动物和人员的影响和作用，重点在计划运行中常用的药物以及使用有毒药品时应当采用的预防措施	
		人体在中毒后的主要症状，应当采取的紧急措施和医疗机构的位置	
		所用无人机的飞行性能和操作限制	
		安全飞行和作业程序	
		喷洒限制	
		喷洒记录保存	
飞行技能要求	通用部分	飞行前准备：包括气象判断、飞行空域与飞行计划申报、重量和平衡的计算、动力系统相关的准备、地面控制站的设置及起飞前无人机系统检查	
		起飞、着陆和复飞，包括正常、有风和倾斜地面的起飞和着陆	
		视距内机动飞行	
		机场和起落航线的运行	
		应急程序：包括飞行平台操纵系统故障、动力系统故障、数据链路故障、地面控制站故障及迫降或应急回收	
	固定翼类别适用	地面滑行	
		临界小速度飞行，判断并改出从直线飞行和从转弯中进入的临界失速及失速	
		最大性能（短跑道和越障）起飞，短跑道或松软跑道着陆	
	无人直升机类别适用	悬停，包括无人机平台正前方朝向不同方向时的悬停	
		以所需最小动力起飞和着陆，最大性能起飞和着陆	
		在涡环初始阶段的识别及改出	
	多旋翼类别适用	悬停，包括无人机平台正前方朝向不同方向时的悬停	
		以所需最小动力起飞和着陆，最大性能起飞和着陆	
		模拟单个动力轴动力失效时的应急操纵程序	
	垂直起降固定翼无人机类别适用	旋翼及螺旋桨动力切换故障处理或传动装置和互连式传动轴故障处理（如适用）	
		临界小速度飞行，判断并改出从直线飞行和从转弯中进入的临界失速及失速	
	自转旋翼机类别适用	以临界小速度机动飞行，对小速度大下降率状态的判断和改出	
	植保无人机飞行技能要求	以无人机的最大起飞全重完成起飞、作业线飞行等操作动作	
	无人飞艇适用	最大性能（越障）起飞	
		识别漏气现象	
		轻着陆	
飞行经历要求	至少44小时的飞行经历时间		
	多旋翼类别驾驶员合格证申请人，由授权教员提供不少于 10 小时带飞训练，不少于 5 小时单飞训练，计入驾驶员飞行经历的飞行模拟训练时间不多于 22 小时		
	对于除多旋翼类别外其他类别驾驶员合格证申请人，由授权教员提供不少于 16 小时带飞训练，不少于 6 小时单飞训练，计入驾驶员飞行经历的飞行模拟训练时间不多于 8 小时		

图 3-4 无人机驾驶员合格证申请条件及持有权限（中国 AOPA 官网）

3.4.4 无人机驾驶员培训

1. 报名条件

中国 AOPA 对无人机驾驶员报名的统一规定不多，主要包括年满 16 周岁、初中以上文化程度、无犯罪记录等。各培训机构（无人机驾校）一般还自行设定一些报考条件，包括：爱国守法，3 年或若干年内无犯罪记录，热爱航空和无人机事业，思维敏捷、动作协调、自控力强，对身体条件的要求一般为矫正视力 1.0 以上。

下列情况不能申请驾驶员合格证：色盲、色弱，心脑血管及精神类疾病，严重肢体残疾，眩晕症、癔症、震颤麻痹，长期使用依赖性精神药品成瘾尚未戒除等。

2. 合格证分类、分级和培训时间

无人机的分类训练，有多旋翼、固定翼、直升机、飞艇、自转旋翼和其他的一些航空器类别。

《民用无人机驾驶员管理规定》将培训证分为驾驶员、机长两个等级，《审定规则》中将合格证分为驾驶员、机长、教员三类，这三类合格证又依据飞行器的类别（如固定翼、多旋翼）及级别（级别按无人机质量划分）分为多种合格证。

无人机系统驾驶员是由运营人指派对无人机的运行负有必不可少职责并在飞行期间适时操作无人机的人。无人机系统的机长，是指在系统运行时间内负责整个无人机系统运行和安全的驾驶员。在各个无人机驾校还需要有教练员，AOPA 在《民用无人驾驶航空器系统驾驶员训练机构合格审定规定（暂行）》中明确了教练员的考证要求。

驾驶员和机长可以直接考取，一般培训机构规定驾驶员飞行培训时间不少于 60 h，机长培训时间不少于 66 h。驾驶员考试较简单，训练以多旋翼机型为主，无人机带有 GPS，可以定点定高飞行，容易操作。机长主要带领无人机作业团队工作，同时机长也是教员的前提。报考飞行教员，要求在获得机长驾驶执照后有记录的飞行时间超过 100 h（有教员签字或盖公章、在合法空域内的飞行为有效飞行）经验之后，才可以报名培训。

驾驶员是分机型发证书的。多旋翼无人机驾驶员所需的学习时间最短，理论训练加上飞行训练在 15~20 天。固定翼无人机驾驶员的训练时长在 20~30 天。由于直升机复杂的结构以及难以掌控的技术，无人直升机训练时间会更长一些，尤其是无人直升机的机长或教员。另外，持有无人直升机驾照的人员也可驾驶多旋翼无人机，而持有多旋翼驾照的人员则不能驾驶无人直升机。

合格证执照有效期为两年，两年之后须经过实践考试才能换发。

授权的训练机构可自行招生。2015 年多旋翼无人机驾驶员考证培训费约为 10 000 元，机长的考试培训费为 12 000 元左右；固定翼驾驶员培训费 3~4 万元不等。各培训机构由于提供的附加服务不同，因此收费不尽相同。考虑到全日制培训的食宿等问题，花费会更高一些。

3. 培训内容和课程设置

以多旋翼无人机为例，驾驶员培训包括理论学习、模拟操作及实践飞行和考试三个环节，共 132 课时。理论学习内容包括法律法规、无人机原理和组成、装机调试等内容；实践飞行主要掌握 4 s 360° 悬停、四方位悬停、水平 8 字、地面使用等操作。

（1）理论培训

理论学习共 10 门课程，包含：无人机概述与系统组成（8 学时）、民航法规与术语（3 学时）、空域的飞行与申报（7 学时）、航空气象与飞行环境（6 学时）、无人机分类及主流布局（5 学时）、无人机构造（4 学时）、飞行原理与性能（6 学时）、通信链路与任务规划（5 学时）、无人机系统特性（10 学时）和飞行手册及其他文档（6 学时）。

（2）实际操作培训

学员要对遥控器、电池、螺旋桨等部件的工作原理、调试方式等有充分的了解和掌握才能通过考试。需进行模拟飞行、模拟航线飞行、起飞、降落、悬停、转弯等飞行技术训练，无人机装机调试、维修、保养、安全运行管理、应急处置实践，遥控装置设置、地面站航点航线规划、应急链路通信、充电设备和电池使用等练习，主要内容和课时安排参考表 3–2。

表 3–2　无人机驾驶员实际操作培训主要内容和课时安排

课程	科目	地面	带飞	单飞	课时
1	模拟飞行	8			8
2	飞机拆装、维修、维护和保养	10			10
3	地面站设置与飞行前准备	8			8
4	起飞与降落训练		4	8	12
5	本场带飞		6		6
6	本场单飞			10	10
7	应急处置		6	8	14
8	考核结业	2	2	2	6
	合计	28	18	28	74

多旋翼无人机飞行基础训练包括：手动起飞、降落，四位悬停，增稳模式下 360° 自旋。

无人直升机飞行基础训练包括：手动起飞、降落，四位悬停，手动八位悬停。

固定翼无人机飞行基础训练包括：手动起飞、降落，水平航线、四边航线。

实际操作阶段的学习，先在飞行模拟器上开始练习，一般练习一个星期左右可以熟练控制，然后使用真飞机进行训练。真实飞行训练中先使用 GPS 模式飞行，飞机在空中控制相对容易；之后换到手动模式，这时控制飞机的难度加大。经过大约一个月的练习，就可以做到熟练掌握了。

考官对学员的考核主要注重起飞前的各种规定检查动作是否执行到位，飞行中对各种姿态技术指标的观察和掌控。在旋翼无人机驾驶员的考试中，对于很多动作都有明确的考核要求，比如：

① 起飞。必须从停机坪（半径 1 m 的圆圈中心）垂直起飞，悬停高度为 2~5 m，悬停时间 2 s 以上。

② 慢速自旋一周（360° 旋转）。要求向左或向右慢速绕机体中轴旋转一周，用时不少于 4 s 旋转一周，同时保持高度不变。

③ 水平 8 字。从悬停位置直接进入水平 8 字航线，动作完成后转成对尾悬停准备降落。

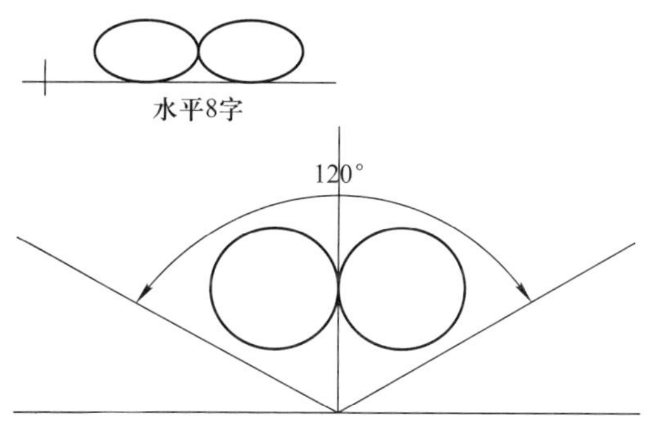

图 3-5 水平 8 字示意图

④ 降落。移动至起降区上空平视高度处悬停 2 s，平稳垂直着陆在停机坪的中心。

⑤ 其他要求。考试中学员需大声报告每个动作的名字；悬停动作中所有停止须保持最少 2 s 的间隔（特殊规定除外）；圆形和线性悬停部分必须以常速进行；每一次旋转必须以一个固定的速率进行，等等。

4. 考试内容

理论考试将从题库中抽选出 100 题作为一次考试的试题。实际操作考试包括手动起飞降落、对尾悬停、四位悬停、慢速自旋、水平 8 字航线飞行。飞行教员的培训课程及各级无人驾驶员考试要求可分别见表 3–3、表 3–4。

表 3–3 飞行教员培训课程安排

课程	内容	学时	总学时
理论培训	航空知识及特殊情况处置	4	
	教学法	24	28
实操培训	正常飞行程序指挥	5	
	应急飞行程序指挥与操作（固定翼 / 直升机 / 多旋翼）	12/15/9	
	教学法	10	27/30/24

表 3–4 各等级无人机驾驶员考试要求

等级	理论	实际操作
驾驶员	70 分	手动飞行、口试
机长	80 分	手动飞行，360° 自旋或水平 8 字飞行，地面站自主飞行、口试
飞行教员	80 分	慢速水平 360° 自旋、后退水平 8 字飞行、口试； 直升机及多旋翼：手动起飞降落、对尾悬停、四位悬停、慢速自旋、四边航线、水平 8 字航线飞行； 固定翼：手动起飞降落、四边航线、水平 8 字航线飞行，模拟停机降落

5. 实际考试

（1）知识结构

学员必须熟知以下航空知识：

① 航空法规，机场周边飞行、防撞、无线电通信、夜间运行、高空运行等知识；

② 气象学知识，包括识别临界天气状况、获得气象资料的程序以及航空天气报告和预报的使用；

③ 航空器空气动力学基础和飞行原理；

④ 无人机系统主要部分，包括导航、飞控、动力、链路、电气等知识；

⑤ 无人机系统通用应急处置程序和操作；

⑥ 所使用的无人机系统特性等。

（2）考试形式

理论考试、口试和实际操作考试安排在同一天进行，监考由中国 AOPA

选派考官赴培训机构实施。考试形式大致有以下 3 种：

① 笔试：计算机选择题、判断题等，答案统一提交到中国 AOPA 阅卷。

② 口试：考官面对面向考生提出综合性问题，测试考生心理、态度等，观察考生是否具备民航人的素质。

③ 实际操作：完成规定动作，例如 8 字航线飞行、定点 360° 自旋等。

6. 培训机构和持证驾驶员情况

据中国 AOPA 官网，自 2014 年开展无人机驾驶员培训以来，每年驾校和驾驶员的增长数量越来越大。截至 2016 年 12 月 31 日，全国已有 158 家民用无人机驾驶员训练机构通过了审核，颁发各类驾驶员合格证总数为 10 255 个，考试通过率逐年升高。驾驶员主要分布在各民用无人机生产研发企业、相关应用单位以及大专院校等，以多旋翼和固定翼无人机驾驶员最多。

全国培训机构的情况见表 3-5。

表 3-5 全国培训机构情况（暂无港澳台地区）

序号	省市自治区	机构数	序号	省市自治区	机构数
1	北京	35	17	山西	2
2	广东	20	18	黑龙江	2
3	江苏	9	19	吉林	2
4	山东	9	20	福建	2
5	河南	9	21	湖南	2
6	湖北	9	22	重庆	2
7	辽宁	8	23	内蒙古自治区	1
8	四川	7	24	江西	1
9	陕西	6	25	广西壮族自治区	1
10	浙江	5	26	贵州	1
11	云南	5	27	甘肃	1
12	河北	4	28	宁夏回族自治区	1
13	新疆维吾尔自治区	4	29	青海	1
14	天津	3	30	海南	0
15	上海	3	31	西藏自治区	0
16	安徽	3		合计	158

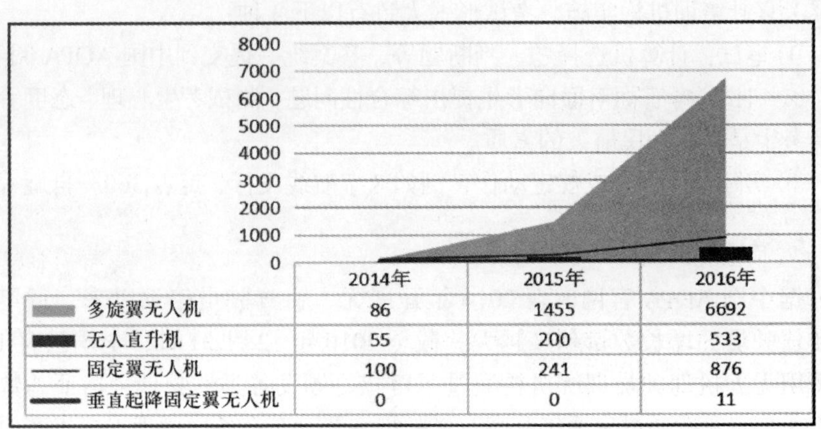

图 3-6 无人机驾驶员证书数量情况（彩图）

目前，我国对民用无人机驾驶员的培训规模较大，已经在世界上建立了一套具有中国特色的培训和管理模式。作为比较，美国对一般民用无人机驾驶员尚未实行证照管理，无人机驾驶员训练基本是以培养军用无人机驾驶员为目的的，培训要求高、时间长。例如，在 2015 年 11 月初，美国北达科他州大天空无人机商业公园的负责人称，由于目前对飞行员和机组其他成员的需求日益增加，正着手开设无人机驾驶员培训学院，或将开始先行筹建临时培训中心，预计每年最多可培训 100 名学员。

3.5 无人机作业产品数据安全

3.5.1 数据生成和使用安全

无人机作业后取得的测绘数据，都是从数字照相机的“摄影测量”开始的。而我国摄影测量的软件大量使用的是国外产品，不能保证数据安全无泄漏。因此，在使用软件生成各种地形图时，应固定专用计算机工作站，专机专用不得上网使用；使用已完成的测绘成果时，一般也不得连网使用。有关科研和政府机关使用数字地图和相关数据库时，应进行“全内部网络设计”，杜绝一切网络攻击和入侵。数据加密的一般方法有：

① 公网接口用 VPN 和数字证书认证；

② 所有数据都可以进行 128 位加密；

③ 内部间谍窃取机密后不能解码；

④ 客户端使用 USB 硬件狗加密，拔除后客户端即失效，防止非授权者

操作，等等。

3.5.2 测绘成果保密规定

环境保护和水土保护（下称“环水保”）的无人机作业产品，一般包括图视频和测绘成果，需要加强保密管理。由于无人机的高指向性和高精度，在环水保现场工作中，无人机可以轻易取得大于一定比例尺、超过一定范围的地形图及其数字化成果图，高精度数字高程模型，以及涉及军事禁区的测量成果等，这些成果很可能涉密。《测绘管理工作国家秘密范围的规定》（国测办字〔2003〕17 号）对涉密成果的名称、密级、保密期限和控制范围都做出了明确规定，测绘成果密级分为三级共 19 项，其中绝密 4 项、机密 7 项、秘密 8 项（见表 3–6），成果的使用者（控制范围）也需要得到相关部门的许可。

表 3–6 测绘成果保密规定（部分）

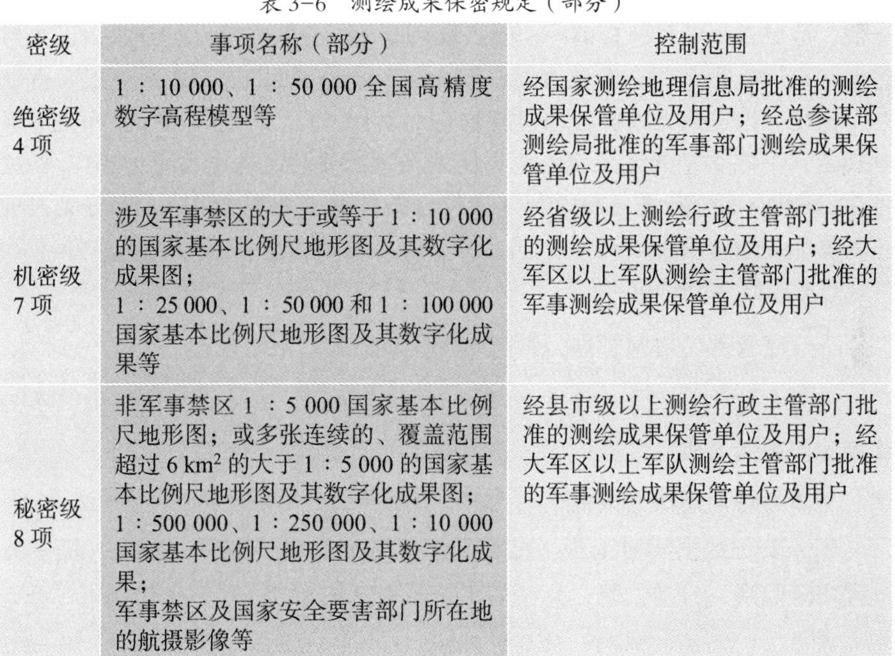

密级	事项名称（部分）	控制范围
绝密级 4 项	1：10 000、1：50 000 全国高精度数字高程模型等	经国家测绘地理信息局批准的测绘成果保管单位及用户；经总参谋部测绘局批准的军事部门测绘成果保管单位及用户
机密级 7 项	涉及军事禁区的大于或等于 1：10 000 的国家基本比例尺地形图及其数字化成果图； 1：25 000、1：50 000 和 1：100 000 国家基本比例尺地形图及其数字化成果等	经省级以上测绘行政主管部门批准的测绘成果保管单位及用户；经大军区以上军队测绘主管部门批准的军事测绘成果保管单位及用户
秘密级 8 项	非军事禁区 1：5 000 国家基本比例尺地形图；或多张连续的、覆盖范围超过 6 km^2 的大于 1：5 000 的国家基本比例尺地形图及其数字化成果图； 1：500 000、1：250 000、1：10 000 国家基本比例尺地形图及其数字化成果； 军事禁区及国家安全要害部门所在地的航摄影像等	经县市级以上测绘行政主管部门批准的测绘成果保管单位及用户；经大军区以上军队测绘主管部门批准的军事测绘成果保管单位及用户

3.6 无人机飞行技术管理

无人机的威胁和风险仅仅依靠政策监管还远远不够，各种技术措施，包括技术管理、标准化，以及一系列重点技术需要形成合力，才能有效管控风险，由此也催生了无人机技术管理和防御系统的新技术。

3.6.1 无人机飞行服务平台

无人机飞行需要向空管部门申请。为方便使用者，国家民航局等政府管理部门配合（批准）企业建立了若干轻小无人机飞行申报网上平台（大型无人机需要另外的申报管理办法）。目前国家民航局许可上线的无人机服务平台有优云（U-Cloud）、云世纪（U-Care），地方主管部门批准的飞云（Flying-Cloud）和大疆（GEO）等。平台既面向用户开展服务，也有配合政府和军方进行监管的功能。现在军方战区的空域监管部门都知晓民用无人机及优云等民用服务平台，并在部分地区给予申报飞行计划的审批配合。但是，全国不同地区推广使用的程度不同，多数地方的无人机飞行还使用纸面申请或电话确认等传统方法。

1. 优云

AOPA 在推广优云 (U-Cloud) 网上无人机管理服务平台，这是一个“互联网 +”的云数据系统，包括申报飞行计划、保险、航行服务、气象、违规查询、地域查询、禁区查询等功能。现在监管部分的功能已经开通，正在与各地区空域管理部门合作试运营 U-Cloud，开通后可以通过系统申报飞行计划。市场上销售的无人机，均安装 U-Cloud 小盒子，质量约 30 g。相关的规章规定，不同类型的无人机无论在何处飞行都要装上这类系统，2016 年 12 月 31 日以前部分满足，2017 年年底符合条件的要求全部满足，部分无人机还需要加装地理围栏。

U-Cloud 主要特色：

监管部门协同管理，紧密结合民航最新政策法规；

多终端云同步，无论在办公室还是室外，随时通过计算机、手机管理和监视无人机；

飞行计划快速报批；

飞行数据实时上报，结合禁飞区数据和电子围栏，对无人机飞行过程实时监视，自动告警；

飞行数据云存储。飞行计划和飞行日志记录云存储；拥有国内民用无人机驾驶员、禁飞区、障碍物、公共建筑物、人口稠密区等基础数据库；最全面的无人机专用空域地图，帮助无人机驾驶员了解复杂的航空规则，每天掌握第一手空域信息；

支持多种数据链路接入，支持互联网 /2G/3G/4G/ADS-B/ 北斗低空雷达等多种链路数据接入。

无人机首先要进行飞行申请才能升空飞行，在天上的每一个动作变化、所有的航迹都可以用数据表达，高度、速度、位置、航向等数据都可以录入 U-Cloud 系统。根据这些数据，一方面可以开发出针对安保、预警、避让等不同场景的应用平台；另一方面这些飞行数据可能涉及大数据统计秘密。因此，U-Cloud 是一个官方许可和可控运营的平台。U-Cloud 对各类无人机开放，包括工业级专业无人机、商用无人机和一般消费级无人机等。

2. 使用优云平台申请飞行计划

在优云平台申请飞行计划的条件是，通过注册获得可以使用的优云账号，以及有申请飞行权限的机长及以上等级资质。

（1）注册优云账号

优云网页版网址是 www.u-cloud.cn。在优云网页版上单击“掌上优云”，可以在手机和平板式计算机上安装移动终端版的优云，这样在外出作业时就可以方便、实时地掌握飞机的各项动态信息了。

第一次登录优云系统，需要注册自己的用户名及密码。注册用户分为个人用户和企业用户，根据用户性质不同需要填写不同的身份信息。例如，个人用户需要提供注册人身份证扫描信息，企业用户需要提供企业营业执照扫描信息。注册完成后，就可以顺利登录优云系统，开始申报飞行计划了。

（2）飞行计划申请

每次飞行前计划申请的步骤如下。

步骤一：登录优云系统，单击“我的管家”，弹出“飞行计划申请”窗口，如图 3-7 所示。

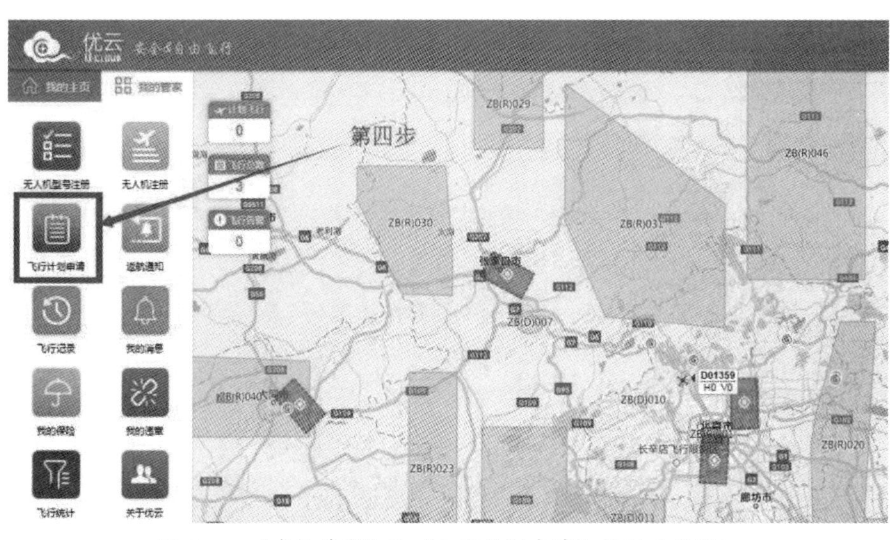

图 3-7　“我的管家”和“飞行计划申请”界面（彩图）

步骤二：单击“飞行计划申请”按钮，在弹出的申请界面分别输入：

①“驾驶员执照号”，应是申请人的身份证号码；

②“最大飞行高度”，不应超过地面以上 120 m。

步骤三：起降点和飞行区域范围设定，在“飞行计划申请”界面，选择“起飞点”、“降落点”输入框（图 3-8），选择：

图 3-8　选择起飞降落点（彩图）

①“起飞点”，可在地图上拾取，自动获得点位的经纬度坐标；

②“降落点”，可在地图上拾取，自动获得点位的经纬度坐标；

③“飞行区域范围”，可在地图上框选，自动获得变现拐点的经纬度坐标（图 3-9）。

图 3-9　选择飞行范围（彩图）

步骤四：填写其他飞行事项，在“飞行计划申请”界面选择：

①“报批单位”，在弹出的选择框中选择所属项（图 3-10）；

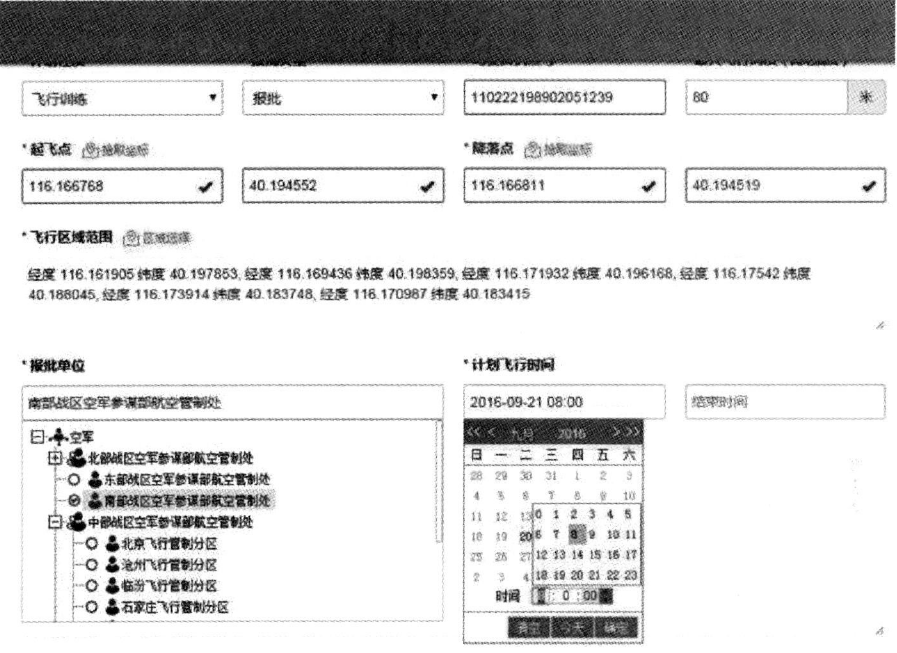

图 3-10 选择报批单位和计划飞行时间

②“计划描述”，简单描述飞行目的等有关事项；

③“计划飞行时间”，填写计划飞行的起止时间，注意必须在白天飞行，即在日出后到日落前的时间段；

④“报飞无人机注册号”。

步骤五：获取验证码，完成申请：

单击获取验证码后（图 3-11），中国 AOPA 会发送验证码到飞行执照号绑定的手机上；

单击“提交”即可完成飞行计划申报，获批的飞行计划如图 3-12 所示。

3. 云世纪（U-Care）

2016 年 4 月 20 日，国家民航局颁布运行批文，许可青岛云世纪公司的 U-Care 无人机综合监管系统进入市场运营，为无人机的爱好者、行业用户以及相关航空和公众安全管理部门提供服务。这是第二家获得无人机运营许可的服务平台。U-Care 重视安全和信息的共享，既维护无人机使用者的权益，让其获得更高安全度的自由飞翔，同时也关注监管方需求，通过电子围栏、禁区告警等功能避免对航空安全飞行、公共安全和国家安全的影响。作为无人机的运营系统，U-Care 提供了无人机与驾驶员管理、飞行计划和服务管理、航空资料大数据等基本功能，而且其功能界面设计参照空管运行系统标准开发，在稳定性、专业性和安全监管需求上具有优势。在地图使用、飞行计划审批和空域监管上结合了我国的空域资源管理现状，在系统中直接预留了与军民航空管监视系统的接口，支持与国内大多数主流空管业务系统对接。

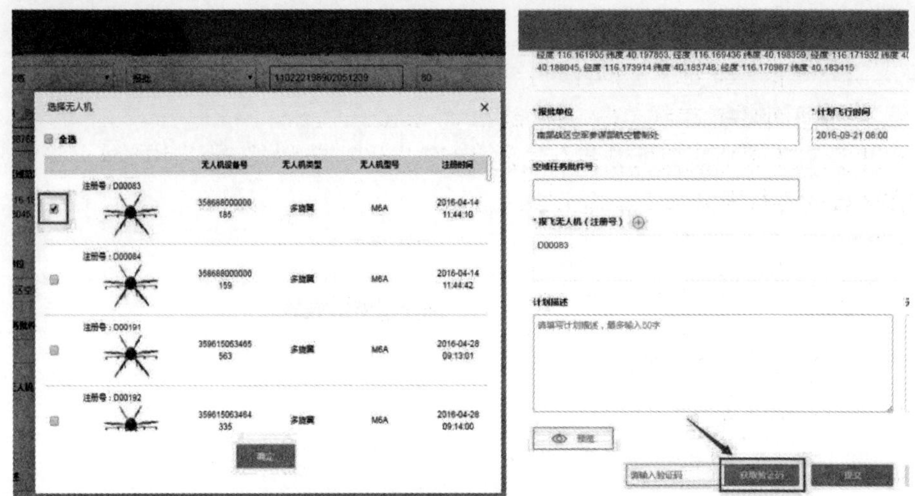

图 3-11　填写其他飞行事项

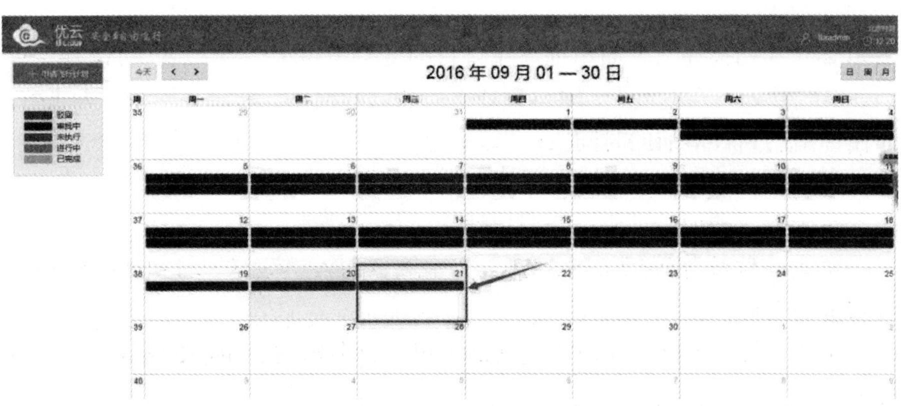

图 3-12　获批的飞行计划（彩图）

4. 飞云系统

飞云系统（Flying-Cloud）由行业协会（四川通用航空协会）批准设立，平台配合军民航管理，通过专线建立情报及数据交换。通过在军民航配置专门终端，划设各类禁区限制区及电子围栏，同时可实时查看入网无人机的运行情况，及时掌握飞行动态。平台为用户提供飞行计划申请、无人机飞行态势与流量显示、气象服务、自动化终端监视、空管仿真等功能服务。

申请成为平台的使用者，需要提交个人身份证、无人机驾驶员合格证、登记飞行器及相关信息、阅读安全使用飞云系统须知、签订使用飞云系统协议、四川省通用航空协会发放使用飞云系统合格证书、法律法规学习合格证及无人机验证报告等，可以在四川省通用航空协会申请的空域验证飞行（保留视频）。

5. 大疆无人机飞行信息系统

深圳市大疆创新科技有限公司在 2015 年 11 月推出无人机飞行信息系统地理空间环境在线（Geospatial Environment Online，GEO）。GEO 率先在北美和欧洲地区投入使用，它将为使用大疆公司产品的用户实时提供所在区域的飞行限制和安全提示等信息。

3.6.2 标准化工作

我国无人机领域标准体系规划尚未完成，各类各级标准化工作任务繁重。

1. 无人机系统标准化协会（筹备）

任何一个新兴产业的发展都离不开标准的引领和规范，目前我国无人机领域标准化工作相对滞后，标准体系缺乏规划，亟需制定符合我国实际的行业标准，从而加强技术交流、提升企业竞争力、打造高效产业链、规范市场秩序。标准体系由国家标准、行业标准、地方标准、团体标准、厂商标准等构成，每类标准侧重点不同。国家标准是强制性标准，其关注的重点是国家安全、公共安全、环保、有效监管等；行业标准旨在树立行业门槛和标杆，关注的是行业准入、研制生产、认证贸易、运营使用等；团体和厂商标准则贴近市场，是市场选择的事实标准，包括品牌认证标准、采购认证标准等，有助于提升品牌影响力、促进资源融合、打造高效产业链。

2015 年 12 月我国部分从事无人机系统领域技术开发、产品制造、运营等方面业务的企事业单位及高等院校、社会团体，共同组建了无人机系统标准化协会（筹备）理事会及技术委员会，包括工信部、民航局、国标委、中航集团等 59 家单位的 160 位代表出席了成立大会。协会拟定了《无人机系统术语》《民用无人机系统分类及分级》两项团体标准。其中《无人机系统术语》针对无人机系统设计、生产、消费、使用和监管，主要规定了基础术语、无人机平台、任务载荷、控制站、数据链、保障与维护 6 方面的术语定义；《民用无人机系统分类及分级》标准针对民用无人机系统的安全监管和研制生产，主要规定了民用无人机系统按平台构型、起飞 / 空机质量或气囊体系、动能、目视视觉接触操作、控制方式、感知与规避能力、最大设计使用高度、最大空速、实时操作距离、续航时间等16个维度的分类和分级要求。这是我国首批关于无人机系统的团体标准，是“野蛮生长”的无人机产业步入健康有序发展的一个标志。

2. 工信部规划无人驾驶航空器系统频段

为了进一步完善无人机作业规范，避免“黑飞”所造成的各种事故，2015年3月工信部发布《工业和信息化部关于无人驾驶航空器系统频率使用事宜的通知》，通知指明：为满足应急救灾、森林防火、环境监测、科研试验等对无人驾驶航空器系统的需求，根据《中华人民共和国无线电频率划分规定》及我国频谱使用情况，规划840.5 MHz~845 MHz、1 430 MHz~1 444 MHz和2 408 MHz~2 440 MHz频段用于无人驾驶航空器系统。

3.6.3 无人机可识别技术和使用者登记

无人机可列为特种设备范围，需从生产、销售和使用方面进行规范管理。无人机几乎来无影去无踪，干了坏事儿根本抓不到，好不容易抓住了一台也找不到机主是谁，自然也就无从处罚。因此，需要建立无人机生产、销售、使用可追溯制度，包括无人机的自动识别、使用实名制等。

无人机自动识别技术是指对执法实体的询问做出反应，并提供有关无人机、运营商和运营信息的技术。生产企业是监管工作的源头，可考虑强制要求对无人机核心部件实行全国统一的电子编码，实行身份识别，这样的系统可能会用到类似移动手机网络或无线射频识别（RFID）技术。建立生产可追溯制度，可以从源头解决无人机身份认证的问题。

应建立统一的数据库，对无人机销售进行登记，销售主体和使用者必须进行实名制登记，操作者更需取得相应资质。

2016年4月，深圳市标准技术研究院牵头起草的《民用无人机系统二维条码信息标识技术规范》和《民用无人机系统身份识别通用要求》，以及深圳巴伦检测技术有限公司起草的《民用无人机系统性能测试方法第3部分：无线射频性能》三项联盟标准通过评审，并于2016年5月正式发布。这三项标准的最大亮点是提出了监管方面的细则，比如民用无人机产品将预留身份识别接口，并在管理平台注册登记无人机信息，可以方便监管部门对“黑飞”进行核查。对于无人机销售商，也要求提交销售商个人信息以及企业营业执照。

3.6.4 地理围栏技术

地理围栏（也称电子围栏）技术是指对无人机进入的空域进行自动授

权或限制。由于无人机通常是通过 GPS 进行定位的，如大疆无人机均加装 GEO 软件，设置了基于 GPS 的飞行自我拦截系统，因此在北京六环路以内、上海虹桥和浦东机场等区域都设置了禁飞区，这样就能防止无人机意外飞到受限制区域，如机场、军事设施、政府建筑物、监狱上空等。美国 3DR 无人机同样也在开发类似的地理围栏技术。但也有观点认为，鉴于这种方式基于网络的侦测和识别，所以存在着被破解的隐患。

目前美国国家航空航天局（NASA）的科学家们正在研究地理围栏技术来帮助无人机界定哪些地方可以进入，并管理和追踪无人机。地理围栏技术将包括禁止飞入和禁止飞出两种方式。传感器则能够帮助无人机识别并避免撞到障碍物。如果无人机能够自动化，则必须可以应对环境的变化，例如突如其来的大风或浓雾。NASA 的科学家们把建立无人机管理系统分为四个阶段，目前他们刚刚完成了第一阶段的工作。

3.6.5 无人机的发现和预警

反无人机技术首先在于如何发现无人机。监管部门使用常规雷达、多普勒雷达、X 波段雷达，或是采用红外摄像头和方向识别器来检测无人机，对“监管对象无人机”进行追踪并锁定其操控员。

以下为目前国际上的反无人机技术的发展现状。

① 目前美英两国的军工企业已在反无人机领域展开合作，美国 API 技术公司和英国布莱特监控系统公司正合作开发能在 8 km 内探测到小型无人机的多普勒雷达。

② 2015 年美国弗吉尼亚州的 DroneShield 无人机制造商提供无人机接近预警服务，协助政府、公司和市民检测无人机。据称此项技术根据声学原理，将多个麦克风通过金属杆与传感器连接，外界的声音通过麦克风记录下来，并通过转换将这些声音与已知的无人机信号对比，当检测到无人机后，便可通过邮件或短信的方式告知用户。

③ 2015 年以色列航空工业公司 IAI 介绍了无人机地面探测系统，同时介绍的还有其子公司已经开发出来的用于对抗小型遥控飞机、无人直升机以及四轴 / 多轴飞行器的技术。被称为无人机警卫的系统应对无人机有三种独立解决方案，用于短期、中期和远期检测和切断无人机飞行。

④ 2015 年法国 ECA 公司设计出一架专门反制的无人机，能够对“无赖无人机”进行追踪并锁定其操控员。一旦“无赖无人机”被探测到，这架 EC180 无人机就会对其进行追踪，找到操纵者并拍下其面部照片。据称技术已通过法国政府的两次测验，在反制无人机周围 700 m 的半径范围内，它能够在一分钟之内发现并定位操控员。

⑤ 俄罗斯联合仪器制造集团称已将一种微波武器安装在“山毛榉”防

空导弹发射车上，可在 10 km 范围内使无人机电子设备失灵。

⑥ 空客公司 (Airbus) 研发的反无人机系统，采用红外摄像头和方向识别器来检测无人机，并评估该无人机是否会造成威胁，最远探测距离可达 10 km。对认定具有威胁的无人机对象，该系统会干扰无人机通信链路，或者干扰无人机的导航系统。该反无人机系统还可以追踪无人机驾驶员的位置。

⑦ 美国每年一度的“黑色飞镖”系列演习始于 2002 年，最初主要用于展示无人机性能，2010 年演习重点转移到“反无人机技术与武器系统”方面。在 2015 年的演习中，共有约 55 个不同的反无人机系统得到测试。反无人机作战可以立足于使用目前很多的成熟技术和武器，重要的是在使用方式上进行创新。在 2015 年的演习中，参演部队动用的防御武器是 20 世纪 80 年代研制的“复仇者”野战防空系统，它配备 8 枚“毒刺”防空导弹和口径 12.7 mm 的高射机枪。另外还有些现成的技术或武器，只需在操作方式上稍作改变，就能成为反无人机的利器。

3.6.6 捕获、摧毁和劫持技术

1. 无人机捕获

航天科工集团的“天网”拦截系统可以发射“导弹”，将闯入禁区的无人机击落。天网系统采用的是软杀伤网式拦截技术，发现恶意侵入的无人机之后，通过发射一张特殊材质的网，将无人机网住，可对航空模型、动力三角翼、动力伞、风筝等低空慢速小型飞行器进行探测、预警、跟踪定位与高效拦截。自 2010 年广州亚运会以来，已经参加了多次重大活动的安保任务。

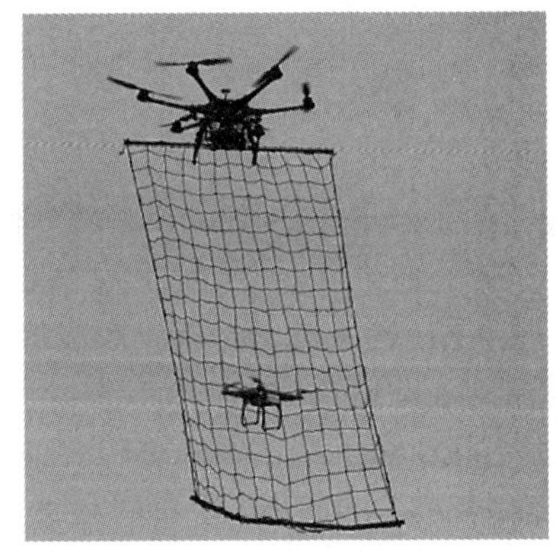

图 3-13 无人机捕获网

随着日本民用航空法律修正案的生效，东京警视厅（MPD）组建了全日本第一个无人机队应对无人机安全漏洞。无人机队是 MPD 防暴队的一部分，配备携带罗网的精英无人机，巡逻重要政府机构。如果检测到任何可疑无人机，工作人员会警告无人机操作者令其降落，否则这些精英无人机会捕获肇事无人机。

2. 激光武器

激光武器被认为是拦截、击落无人机的最佳解决方案之一。与其他定向能武器类似，激光束聚焦能将目标烧穿，也可以通过损坏无人机的关键

部件使其失效。激光发射成本低、射速快、操作灵活。

2015 年 11 月上海的研究人员撰文称，他们创造了迄今为止最强大的激光，今后可能广泛应用于高科技武器等领域。德国在 2013 年的一次试验中，采用某种军用激光摧毁了 2 km 外的无人机，最高输出功率仅为 50 kW。由于强大的激光脉冲可在高频产生，所以被用于破坏敌方无人机、飞机或战舰的光学或电磁感应器。

2015 年 8 月波音公司发布了其最新研制的“紧凑型激光武器系统”击落无人机的录像视频。视频显示，使激光聚焦在无人机尾部是击毁无人机的较好方式，因为激光武器要烧穿目标，需要一定的时间积蓄热量，而无人机尾部易于瞄准。

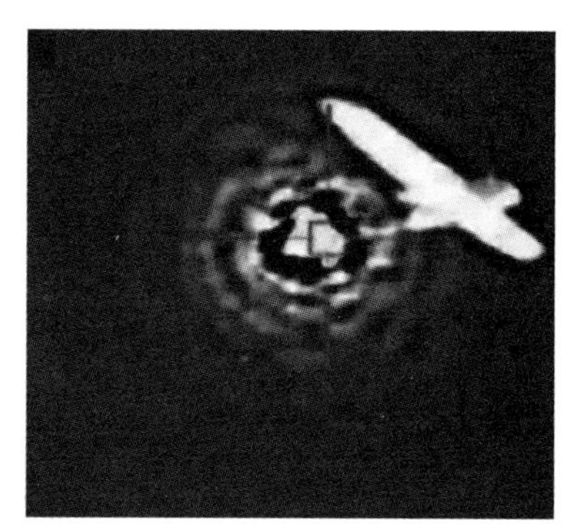

图 3-14 激光击中无人机尾部（彩图）

据韩联社报道，韩国国防事业厅已制定“光纤激光武器系统”的研制计划，一旦这种武器成功部署，韩军拦截无人机的准确率将大大提高。

3. 电子干扰

通信链路是操作无人机系统的主要途径，也是无人机的薄弱环节。因为无人机系统对电磁波干扰非常敏感，一旦受到干扰，就会导致产生错误的控制指令，致使无人机无法正常执行任务，甚至可能失控坠机。

由于消费级无人机越来越多，导致在美国很多禁飞区和机场的上空都经常会遭到私人无人机的骚扰，据美国联邦航空局（FAA）的数据，每个月大约有 100 台左右的无人机会光顾机场和一些禁飞区域。出于不得已，FAA 开始考虑部署无人机禁飞系统。这种禁飞系统可以发射强无线电干扰波来阻断遥控，配合电子扫描雷达、红外和日光成像系统，可以监测到大约 10 km 以内的所有遥控飞行物。发射干扰波有两种模式，一种是短暂的无线电干扰，让遥控者感觉到飞机进入半失控状态然后迫降，这算是一种警告，如果还是不听话，那就会用第二种“锁死”模式，直接断掉遥控信道，强迫坠落。

2015 年 11 月，美国俄亥俄州一家名为“巴特尔”（Battelle）的非营利开发机构推出名为 Drone Defender 的反无人机设备。样品的外形酷似步枪，设备前端上部安装了 1 根白色的杆状天线。据称这种设备采用非破坏性技术，用户只需将其指向空中的无人机，扣下扳机，就可以将目标“击落”。根据介绍，该设备对实时遥控型无人机或必须依靠 GPS 导航的无人机有效，打击范围约 400 m，整个过程很安全。

2016 年初，我国中电集团五十四所、厦门美亚柏科公司等也相继发布了原创的反无人机装备，通过切断无人机与原使用者的通信链路联系制止非法侵入。

图 3-15 反无人机装备

4 无人机飞行与气象

气象指发生在天空中的风、云、雨、雪、雾、电闪雷鸣等一切大气的物理现象。气象学中“基础要素”是在一定地点和特定时刻，说明大气物理状态、物理现象以及某些对大气物理过程和对物理状态有显著影响的物理量。其中，表示大气性质的物理量有气压、气温、湿度，以及近年城市中受雾霾影响的大气能见度等；表示空气运动状况的物理量有风向、风速等。云、雾、雨、雪、雷电等是大气中发生的现象，蒸发、辐射、日照是天气影响要素。气象要素与人们的生产、生活息息相关，对整个人类活动产生着巨大的影响。各种气象要素的多年观测记录按不同方式进行统计所得的结果，是分析和描述气候特征及其变化规律的基本资料。

无人机在空气中飞行，依大气而生、而降、而行。气象要素对飞行及安全影响重大，是限制飞行的主要因素之一。已经有不少关于无人机因大风而炸机、因低温无功而返、因穿云而失联的报道。无人机作业前应了解天气状况，较可靠的方法是查看天气预报，亦可以使用简易的地面测量仪器，或参考当地原住民的经验。

4.1 大气性质要素及其影响

4.1.1 气压

1. 气压的物理意义

气压是大气压力的简称，是指在任何表面的单位面积上空气分子运动所产生的压力。气压的高低同高度、温度、密度等有关，高度增高、温度升高而使空气的密度降低（稀薄）从而气压减小。气压是通过测量地球表面大气层空气柱重力所产生的压力获得，国际制通用单位名称为帕，单位Pa，此外还有毫巴（mbar）、毫米汞柱（mmHg）等。[①]

2. 气压对无人机的影响

无人机螺旋桨旋转或机翼滑行获得的升力，与大气的密度、大气压力有关。无人机使用气压计定高，并将密度不同的空气阻力情况反馈给飞控程序，飞控系统调整螺旋桨转速（输出动力）和机翼倾角，控制飞行中达到或维持预定的速度，操作无人机的上升和下降。

无人机通过气压确定实时的飞行高度，在山地、水面等复杂环境中，气压计因受升降气流影响误差较大，有时可达几十、数百米，需要无人机驾驶者实时通过地面站予以关注。

在青藏高原等海拔高、空气稀薄的环境中，无人机在降落时经常需要滑行较远的距离，此时就需要预设更长的降落距离，并在现场确定避开山林等障碍物。近地面勘察使用的无人机，飞行高度多在3~50 m，处于对流层的下层，地形地貌、水面沙丘等不同的下垫面会造成较多乱流，干扰微型无人机，因此应时刻关注无人机的作业状态。

4.1.2 气温

1. 气温的物理意义

气温是表征空气冷热程度的物理量。在一定的容积内，一定质量的空气，其温度的高低只与气体分子运动的平均动能有关。空气冷热的程度，实质上是空气分子平均动能的表现。当空气获得热量时，其分子运动的平均速度增大，平均动能增加，气温也就升高。反之当空气失去热量时，其分子运动平均速度减小，平均动能随之减少，气温也就降低。温度以摄氏度或华氏度为单位，分别用℃和 °F表示，理论研究工作中则常用热力学温度（T_K）表示。它们之间的换算关系是：$\frac{t_F}{°F}=\frac{9}{5}\frac{t}{°C}+32$，$t_C=T_K-273.15$。

大气的温度主要来自地面的长波辐射。海拔高的地方空气稀薄，白天空气对地面长波辐射吸收少，温度低；晚上大气的保温作用差，温度低。因此海拔越高，气温越低。在对流层内，海拔大约每升高100 m，气温约下降0.6℃。

---

① 其中，毫巴（mbar）和毫米汞柱（mmHg）不是我国标准的计量单位。1 bar=100 kPa，1 mmHg=133.322 4 Pa。

2. 气温对无人机的影响

气温的高低不同、竖向温差变化，都对无人机产生影响。在无人机测绘工作的 200~400 m 空间，会有 1.2~2.4℃的温差。

- 无人机使用的锂聚合物电池最佳工作温度是 20~30℃。电池对温度很敏感，温度越低电池容量损失越快，甚至会导致电池损坏。
- 高温影响电机散热。小微型无人机多使用风冷却（而不是水冷却）控制温度，风冷却对主板和电池的温度调节能力有限。当气温高于 35℃时，应该注意适当减少作业时间，避免主板和电池过热。
- 无人机的部分塑料部件在高温的烘烤下容易老化，甚至变软、变形。

4.1.3 大气湿度

大气湿度是表示大气中水汽量多少的物理量，与云、雾、降水等密切相关。大气湿度常用下述物理量表示：水汽压、比湿、水汽混合比、露点基本上表示空气中水汽含量的多寡，而相对湿度、饱和差、温度露点差则表示空气接近饱和的程度。

1. 水汽压和饱和水汽压

大气压力是大气中各种气体压力的总和。水汽和其他气体一样也有压力，大气中水汽所产生的那部分压力称水汽压，它的单位和气压一样，也用 Pa 表示。在温度一定的情况下，单位体积空气中的水汽量有一定限度，如果水汽含量达到此限度，空气就呈饱和状态，这时的空气称饱和空气。饱和空气的水汽压称饱和水汽压，也叫最大水汽压，因为超过这个限度，水汽就要开始凝结。饱和水汽压随温度的升高而增大。在不同的温度条件下，饱和水汽压的数值是不同的。

2. 相对湿度

相对湿度是空气中的实际水汽压与同温度下的饱和水汽压的比值。相对湿度直接反映空气距离饱和的程度，当其接近 100% 时，表明当时空气接近于饱和。当水汽压不变时，气温升高，饱和水汽压增大，相对湿度会减小。

3. 露点

在气压不变、水汽无增减的情况下，未饱和空气因冷却而达到饱和时的温度称露点温度，简称露点，用 T_d 表示。水汽含量愈多，露点愈高，所以露点也是反映空气中水汽含量的物理量。在实际大气中，空气经常处于未饱和状态，露点温度常比气温低（$T_d< T$）。因此，根据 T 和 T_d 的差值，可以大致判断空气中水汽距离饱和的程度。

4. 雾

地表大气中悬浮的水汽达到饱和水汽压时开始凝结，能见度低于 1 000 m 时，气象学称这种天气现象为雾。1 m³ 的空气，气温在 4 ℃时，最多能容纳的水汽量是 6.36 g；而气温在 20 ℃时，1 m³ 的空气中最多可以含水汽量是 17.30 g。如果空气中所含的水汽多于一定温度条件下的饱和水汽量，多余的水汽就会凝结出来，当足够多的水分子与空气中微小的灰尘颗粒结合在一起，同时水分子本身也会相互黏结，就变成小水滴或冰晶。较多的水汽和固态粒子形成了湿漉漉、白蒙蒙的雾。当水滴中含有较多的杂质甚至是污染物时，便是灰黄色的雾霾。近地面的水汽凝结为雾，低、中、高空的水汽凝结成云，某些情况下云遮雾罩还会上下相连成为一体。

4.1.4 能见度

能见度是反映大气透明度的一个指标，指视力正常的人在当时天气条件下，能够从天空背景中看到和辨出目标物的最大水平距离，单位用 m 或 km 表示。

影响能见度的因素主要有大气透明度、灯光强度和视觉感阈。大气能见度和当时的天气情况密切相关，当出现降雨、雾、霾、沙尘暴等天气过程时，大气透明度较低，因此能见度较差。无人机摄影图像的清晰度，很大程度上取决于大气能见度。不利气象条件时，只能放弃外业工作，静待云开雾散。

4.2 空气运动状况要素及其影响

空气运动产生的气流称为风。

图 4-1 微风吹红蜻 秋水乱蒲影（彩图）

4.2.1 风向

风向是指风的来向，最多风向是指在规定时间段内出现频数最多的风向。在气象观测中，风的方向分为较细的16方位，海上多用36个方位表示，在高空则用角度表示。用角度表示风向，是把圆周分成360°，北风（N）是0°（即360°），东风（E）是90°，南风（S）是180°，西风（W）是270°。

4.2.2 风速

风速是指单位时间内空气在水平方向运动的距离，单位用m/s或km/h表示。气象学中的最大风速，是指某个时段内出现的最大10 min平均风速值。极大风速值是某个时段内的最大瞬时风速。风力和风速的等级划分见表4-1。

表4-1 风力和风速等级划分（部分）

级数	1级	2级	3级	4级	5级	6级	7级
风速 /m·s^{-1}	0.3~1.5	1.6~3.3	3.4~5.4	5.5~7.9	8.0~10.7	10.8~13.8	13.9~17.1

4.2.3 蒲福风级

根据风对地面物体或海面的影响程度，1805年英国人弗朗西斯•蒲福对风力的大小，从弱到强将风力划分为0到12共13个等级，称蒲福风级（Beaufort scale）（见表4-2），是目前世界气象组织所建议的分级。后来人们发现自然界的风力实际可以大大地超过12级，于是就把风力划分扩展到17级，即总共18个等级。

表4-2 蒲福风级（部分）

蒲福风级	风速 /km·h^{-1}	风力名称	浪高 /m	海情	陆上情况
0	小于1/2	无风	0	平静如镜静	烟直向上
1	1~3/2~6	轻微 / 微风	0.1	无浪：波纹柔和，如鳞状，波峰不起白沫	烟能表示风向，风向标不转动

续表

蒲福风级	风速 /km·h^{-1}	风力名称	浪高 /m	海情	陆上情况
2	4~6/7~12	轻微 / 微风 / 轻风	0.2	小浪：小波相隔且短，但波浪显著；波峰似玻璃，光滑而不破碎	人面感觉有风，树叶微摇，风向标转动
3	7~10/13~19	和缓 / 温和 / 微风	0.6	小至中浪：小波较大，波峰开始破碎，波浪中有白头浪	树叶和小树枝摇动不息，旗展开
4	11~16/10~30	和缓 / 和风	1	中浪：小波渐高，形状开始拖长，白头浪颇频密	小树枝摇动，吹起地面灰尘和纸张
5	17~21/31~40	清劲 / 清风	2	中至大浪：中浪形状明显拖长，白头浪更多，中间有浪花飞溅	有叶的小树整棵摇摆，内陆水面有波纹
6	22~27/41~51	强风	3	大浪：大浪出现，四周都是白头浪，浪花颇大	大树枝摇摆，持伞有困难，电线有呼呼声
7	28~33/52~62	强风 / 疾风	4	大浪至非常大浪：海浪突涌堆叠，碎浪的白沫随风吹成条纹状	全树摇动，人迎风前行有困难

4.2.4 风与无人机的关系

1. 空速和地速

无人机在空气中飞行，依靠螺旋桨对周围的空气介质施加作用力而前进，操作遥控器进行的任何打杆动作影响着飞机相对于空气的运动状态。飞行器相对于其周边空气介质的速度，称为对空速度，简称空速。举个例子，在空中松开气球之后，气球越飘越远，它是被风即空气介质团的整体裹挟而去的，相对于周围空气几乎没有移动，因此空速为 0。而相对于地面，气球离开的速度简称地速。无人机在诸如室内等平静无风的环境里，空速等于地速。而在有风的室外环境，静止在地面的人看到的无人机移动速度，还需要考虑它在空气中的相对运动。这时候飞机的地速还应加上风速（顺风飞行）或减去风速（迎 / 逆风飞行）。即使用同样的动力，顺风飞行时，无人机对地速度更快，但空速相对较低；逆风飞行时，无人机对地速度较慢。如果空速与风速相同、方向与风向相反时，会出现什么情况呢？这时，无人机相对于地面悬停在了空中，可以用来拍摄固定目标。

风速和无人机的相对速度即空速决定了升力的大小。空速需要实时精确地进行测量，并将测量结果反馈给飞控芯片。空速管是飞机上极为重要的测量仪器，空速管也称皮托管、总压管。它的安装位置在飞机外面气流较少受到飞行影响的区域，一般在机头正前方、垂尾或翼尖前方。为了保险起见，一架飞机通常安装两套以上的空速管，有的飞机还在机身两侧装有两根小的空速管。美国隐形飞机 F-117 在机头最前方安装了 4 根全向大气数据探管，因此该机不但可以测大气动压、静压，而且还可以测量飞机的滑角和迎角。

图 4-2　捕食者无人机头部的空速管

2. 风力和风向影响无人机飞行

无人机在顶风前进、侧向逆风或静止时，将消耗更多的电能。对于侧风的情况，一方面难免会使无人机偏离航向；另一方面为保持无人机平衡需要倾斜机体，做类似横行的“蟹式飞行”，速度随之降低。例如，无人机以 80 km/h 的速度飞行，遭遇侧向 40 km/h 的横风（风向与飞行方向垂直），无人机相对运动方向朝风吹来的方向沿水平轴向偏转 45°，其相对地面的速度降低为 40 km/h。为了保持悬停状态，旋翼机必须向来风的方向倾斜机身，并加速旋翼转速。因此，侧风飞行时的滞空时间更长，同样的电池只能执行不超过正常时的一半任务。可进行航线规划的无人机软件，能够通过选择参数来模拟不同风力、风向时的飞行时间和里程，无人机驾驶员应提前设计，更准确地规划飞行任务。实际工作时会有航线的往返，就必将遭遇顺风和逆风，两种情况都应该考虑到。

无人机飞行“抗风能力”指标的影响因素，包括动力（航速）、机体和载荷的总质量，以及机身受风面积等。应该在风速不超过无人机设计最高速度一半时操作无人机，比如，总质量 5 kg 的无人机，其工作环境风速不应超过 30 km/h（小于 5 级风），更小的无人机多在 3 级或 4 级以下的风力环境中才能正常工作。

固定翼无人机机翼上下结构形状不同，空气流过时产生不同的速度，机翼下部低速气流压力大、上部高速气流压力小，进而形成托举机翼的升力。通常无人机应迎风起飞，获得相对较大的起飞空速，机翼升力增加，更容易克服地球引力；返航时飞机尽量能够顺风飞行，使空速较小，升力降低，更容易着陆，也加快了作业转场的速度。

无人机在飞往目标时，去程与回程通常是相同航线，总有一个顺风一个逆风的情况。如果有可能，优先选择逆风向的起飞点，逆风去顺风回，保证返航安全。也可以利用不同高度层风速不同的自然现象，让去程与回程选择不同的飞行高度。

风矢量（风速和风向）在空中水平和垂直距离上的变化为风切变，对起飞和着陆的飞机影响最大，会导致其航迹偏离、失稳，无人机驾驶员无法控制。

3. 风力和风向影响无人机作业准确性

风力越大其内部瞬时变化也越大。图 4–3 中无人机相机的拍摄时间间隔是一样的，但受风力影响飞行速度不一样，即同样的时间、不同的速度，则出现了两次照相（图中绿色相机图标）的间隔距离不相等的情况。风向变化的影响使直线作业的无人机航线产生偏移、竖向颠簸，这些因素最终叠加起来，影响到摄影测量数字化模型的准确性。因此，建议在风力较大时，适当增加摄影测量的影像重叠率设置，并降低飞行高度。

图 4–3　风力影响不等距摄影（彩图）

由于固定翼无人机机载相机一般是固定的，没有可定向操作的云台，因此少部分竖向轴向偏转的机体位置，会造成镜头的倾斜，产生测量误差。

4. 保温和降温

无人机的飞控系统、螺旋桨电机和汽油发动机等，都是靠风进行冷却的（大型无人机也有水冷模式的）。较大的风力，在夏季对计算机和发动机会有更好的降温效果，但冬季寒风使无人机各个系统的保温效果变差。

4.3 大气现象要素及其影响

4.3.1 降水和雾

降水是指从天空降落到地面的液态或固态水，包括雨、毛毛雨、雪、雨夹雪、霰、冰粒和冰雹等。降水的物理量指标包括降水量和降水强度。降水量是指降到地平面而未蒸发、渗透或流失的水层积聚深度，是表征某地气候干湿状态的重要指标，以 mm 为单位；降水强度是指单位时间内的降水量，常用的单位有 mm/10 mins、mm/h、mm/d。我国气象部门规定：以 24 h 为时间单位，总雨量不到 10 mm 的降雨为小雨；10.0~24.9 mm 为中雨；25.0~49.9 mm 为大雨；50 mm 或 50 mm 以上为暴雨。

4.3.2 云

云是悬浮在大气中的小水滴、冰晶微粒或二者混合物的可见聚合群体，底部不接触地面（如接触地面则为雾），且具有一定的厚度。

图 4-4 卷云

图 4-5 积雨云

在常规气象观测中要测定云状、云高和云量。云量是指云遮蔽天穹的份数，将地平以上全部天空划分为 10 份，被云所遮蔽的份数即为云量。例如，碧空无云，云量为 0；天空一半为云所覆盖，则云量为 5。云的分类主要考虑云的高度，国际上将云分为 4 族 10 属，其中直展云族上下分布跨度达几公里或十几公里，见表 4-3。在我国，云也分为 3 族 10 属（29 类）（无直展云族），见表 4-4。云以拉丁文来简称。

表 4-3 云的国际分类

云族	云属	国际简称	云层高度		
			极区 /km	温带地区 /km	热带 /km
高云	卷云	Ci	3~8	5~13	6~18
	卷层云	Cs			
	卷积云	Cc			
中云	高层云	As	3~8	5~13	6~18
	高积云	Ac			
低云	层云	St	云底近地面数百米，高至 2 km 以上		
	层积云	Sc			
	雨层云	Ns	高度属于中云族，但云底常伸展至低云，故习惯分为低云		
直展云	积云	Cu	云底常在低层，但云顶可向上伸展到中高云族所在高度		
	积雨云	Cb			

表 4-4 我国对云的一种分类系统

云类	云族	简称	形状	云色	天气情况
高云	卷云	Ci	丝条状、片状、羽毛状、勾状、斑点状	白	晴朗
	卷层云	Cs	丝幕状、有晕	乳白	晴或多云
	卷积云	Cc	细鳞片状、成行成群排列	白	晴，有时阴
中云	高层云	As	均匀成层，如帐幕	灰白	阴，有时小雨
	高积云	Ac	云块较小，如扁圆、瓦块、水波状排列		晴，多云或阴

续表

云类	云族	简称	形状	云色	天气情况
低云	层云	St	均匀成层，像雾，底不接地	鱼白	晴，有时毛毛雨
	积云	Cu	个体明显，互不相连，底部平坦，顶部凸起如山峰	灰白，浓淡分明	晴，少云或多云
	层积云	Sc	云块较大，呈条状、片状或圆状，较松散，成群或波状排列	灰白，深灰	多云或阴，有时小雨
	雨层云	Ns	低，无定形，如幕状、灰布高悬，云底常云	暗灰	连续性雨雪
	积雨云	Cb	浓厚庞大，像高山，顶部模糊，底部阴暗常有碎雨，有雨幡下垂	乌黑	阴，多云，有阵雨大风雷电，时生冰雹、龙卷风

4.3.3 雷电

雷电一般产生于对流发展旺盛的积雨云中，云层中有大量的冰晶和水滴，在运动中产生正负电荷。电荷的分布相对杂乱，但总体呈现上部以正电荷为主，下部以负电荷为主，从而在上、下部之间形成电位差。当电位差达到一定程度后，就会产生放电，这就是闪电现象。闪电的平均电流是 3×10^4 A，最大电流可达 3×10^5 A。放电过程中，由于闪电通道中温度骤增，使空气体积急剧膨胀，从而产生冲击波，导致强烈的雷鸣。带有电荷的雷云与地面的突起物接近时，它们之间也会由于电位差而发生放电，释放高能量的光和声音，即形成闪电和雷鸣，具有狂暴的力量。

4.3.4 雨云雷电对无人机的影响

无人机的机电部分多数是不防水的，在雨中飞行，或是在饱和水汽的浓云和雾中飞行，机身内的水汽会越来越多，引起电路短路，甚至是飞机坠毁。

云会影响作业人员对无人机飞行的观察视距，也会令航拍影像模糊不清甚至变形，无法还原被拍摄地表或物体的状况。

积雨云上部可高达数千至万米，但底部可低至近地面 200~500 m，这是大部分航测固定翼和旋翼无人机的工作高度。云中大气条件复杂，水汽、电荷充沛，对流运动剧烈，这种环境中无人机和无线电链路甚至可能会引发雷电。所以，在温度剧变、雨雾、低云天气时，出于安全考虑无人机应该停止作业。

4.4 大气影响要素

4.4.1 蒸发

蒸发是指物质由液态转化为气态的相变过程。在一定时段内，水由液态变成气态的量称为蒸发量，常用蒸发掉的水层深度表示，单位为mm。通常温度越高、空气越干燥、风速越大、气压越低，蒸发越强。

4.4.2 辐射

地球所接受到的太阳辐射是地球大气运动的主要能量源泉，也是地球光热能的主要来源。在地面气象观测中，通常测量的是：① 总辐射，即指水平面接受的、来自2π立体角范围内的直接太阳辐射与天空散射辐射之和。气象上还有其他几种辐射，包括：② 太阳辐射又称短波辐射、日射，太阳辐射的常用单位为W/m^2；③ 地球辐射也称热红外辐射，是由地球（包括地面和大气）放射的电磁辐射；④ 地表辐射也称地面辐射，是由地球表面放射的辐射；⑤ 大气辐射也称长波辐射，大气发射的能量主要集中在4~120 μm波长范围内的辐射；⑥ 全辐射指太阳辐射与地球辐射之和；⑦ 直接辐射是来自辐射源方向的未经散射和反射的辐射，如太阳直接辐射；⑧ 天空辐射也称天空散射辐射，是来自整个天空半球的向下散射和反射的太阳辐射；⑨ 反射的太阳辐射（主要是短波辐射）；⑩ 净辐射，等等。

4.4.3 日照

日照是表示太阳照射时间的量，有可照时间和实照时间两种，分别以可照时数和实照时数表示，均以h为单位。可照时数是一天内可能的太阳光照时数，也即一天内太阳中心从东方地平线升起，直到进入西方地平线之下的全部时间，完全由该地的纬度和日期决定。实照时数（即日照时数）是太阳直射光线不受地物障碍及云、雾、烟、尘遮蔽时实际照射地面的时数（由纬度、日期、天气、地形等因素所决定），可用日照计测定。日照百分率（实照时数与可照时数的百分比）可用来比较不同季节不同纬度的日照情况。

强日照中的紫外线会使无人机的塑料部件加速老化。过分的日晒可使局部热胀，产生变形，影响连接等性能，使飞行产生危险。

5 无人机系统在环境保护和水土保持中的应用概述

5.1 行业背景和无人机技术优势

环境保护是我国的基本国策，国家相关部门对无人机等新技术十分重视。2015 年 8 月国务院办公厅发布的《生态环境监测网络建设方案的通知》指出："（六）加强生态监测系统建设……加强无人机遥感监测和地面生态监测，实现对重要生态功能区、自然保护区等大范围、全天候监测。"

环水保的工程设计、监测、监理、监察、验收、运营等管理有多种手段，包括常规的现场勘测和遥感技术等。根据《水土保持监测技术规程》（SL277—2002）、《水土保持遥感监测技术规范》（SL592—2012）的要求，流域和建设项目的水土保持监测应采取多种手段进行，包括遥感技术。

现场勘测如管中窥豹，很难在大尺度上充分了解整体情况。传统遥感一般是利用卫星、大型无人机进行。卫星遥感一则因为过境时间、过境轨道固定，不能保证在某准确时刻经过研究区，不能及时提供所需资料；二则受限于云层等条件无法观察；三则几乎不能对体积进行测量；四则相关费用也较高，因此以往的遥感技术有一定的局限性。

相对于平面视角而言，遥感较高的空间视角无疑更具有优势。小微型的多旋翼和固定翼无人机近年来取得了跨越式的进步，其工作在近地面至约 500 m 的空间，很好地适应地形、云层等各种条件，空中视角具有整体的宏观效果；无人机灵活机动，只要飞行条件许可，就可以定时、定点获取研究区域遥感影像，可以保障信息的时效性，提高动态监测效率，并节省大量经费；低空摄影可以采集人所不及的高崖、陡坡之处的图像、视频数据；图视频采集后，经软件处理将生成三维地形模型等，可以测量面积、体积、植被覆盖度等地理信息，从而了解建设项目大大小小、分散各处的环境影响情况，方便地进行环水保可行性研究、施工期监测、工程竣工验收等现场勘察工作。

随着无人机技术的进步，微型多旋翼和固定翼无人机在环水保工作中的适用性越来越广，也越来越得到重视。微型无人机系统的应用填补了卫星、大型无人机传统遥感技术的不足，其方便、高效、准确的技术优势，不仅取代了传统遥感的一些应用领域，同时也为创新应用打开了新的空间。以小型无人机为主，卫星等技术取长补短，应该是对小区域、建设中的各类工程进行环境遥感监管的可靠的技术解决方案。

相对于传统的有人机航测和卫星遥感，UAS 新技术具有明显的特点，见表 5-1。

表 5-1 UAS 低空遥感摄影测量的特点

	优势	弱点
设备	（1）运输方便； （2）造价便宜； （3）飞行、人工和维护等各项使用成本低廉； （4）事故率低； （5）可搭载各类传感器等	
外业操作	（1）针对关心地区，定位选择性强； （2）很好地适应地形、云层等各种条件； （3）机动灵活，可采集人所不及的险远之处的图像、视频数据； （4）工作速度快、获取周期短、效率高等	（1）姿态稳定性差； （2）恶劣天气限制作业
产品	（1）空中宏观大尺度的视角具有整体的勘察效果； （2）影像直观性强、分辨率高。无人机可获取高分辨率的照片，能够更直观地反映地形地貌；通过对研究地区不同时期的遥感照片、遥感影像进行对比，能直观地反映各种地形地貌的变化； （3）时效性强； （4）产品包括三维模型、数字线划地图、数字正射影像图等结果，常用来提供 1 ：500~1 ：10 000 比例尺图件； （5）软件支持能力强大，便于延伸应用。矢量图像经软件处理，成为三维地形模型等相关测绘成果，可通过 GIS 等软件轻松地掌握监测区域地形、地貌、地物和水系等及其变化情况等，而且能计算出植被覆盖度、挖方、填方、弃渣数量及面积；结合后期软件，直接输出各种格式的矢量文件，便于进一步规划设计	（1）影像排列不整齐、畸变大，像幅小、影像数量多； （2）尽管有像控点等辅助手段，无人机测绘测量精度一般不及地面传统方法； （3）大范围测绘勉为其难； （4）成果为数字地表模型，包含了植被等地物，并非裸露的原土石地面。除非更复杂的计算程序，否则不适合植被密集的地区； （5）软件运行需要严格保密的环境，连网容易泄密

5.2 环保水保中无人机应用领域

建设项目中环水保工作主要包括：立项和设计阶段编制和审批环境影响报告书、水土保持方案，进行相关专业化设计；施工阶段进行监理、监测；交、竣工阶段进行环水保设施的技术评估、行政验收。利用无人机系统可以很好地辅助建设项目以及运营期环保和水保日常的监督管理工作。

● 在建设项目前期的环境评价、水土保持方案的编制和审查评估中，UAS 用于现场踏勘，方便全面地了解敏感区（点）本身和周边的环境，包括地形地势、水系、植被、土壤等状况；论证环水保措施，必要时提出替代方案；现场图视频和模型将帮助减少外业和会议时间，提高勘查效率。

● 在规划选线、设计及审查阶段，UAS 提供数字照片和影像、地形模型等，工程师依据地形、地势、地物、水系等基础资料，规划、设计项目的环境保护和水土保持措施，更加直观和可行；管理部门可以更好地判断环境评价结论和环水保措施的合理性；审查时可将户外现场考察和内业审查有机地结合在一起，大大丰富审查内容，提高审查质量。

● 在施工期管理中，UAS 可以监督环水保的自然环境和工程进展，有针对性地提交裸露地表等面积、表土堆存等土石方体积、植被破坏和生态恢复的覆盖度、工程外观等的勘察和测量的成果，发现隐患，从而全面、及时、定量地把握工程环水保特性，掌握和控制生态影响和环境污染；UAS 应用将原来定性和半定量的工程环水保监理、监测提升到定量的新高度，大大提高了遥感监管的工作水平。

● 进行环水保工程竣工验收时，使用 UAS 便于评估环保和水土保持措施的效果，使验收工作更加高效和全面；从高空容易发现隐藏的问题，不留隐患。如在某公路的环保验收中，隐藏于山后的预制场扰动土地裸露，被无人机从高空发现和测量，进而计算出面积和后续生态恢复的工程量。

● 在项目运行阶段，UAS 可以有针对性地开展定期或随机的巡查，使生态环境保护、污染排放的时间、规模管理等随时处于高效的监管之下。定期、随机抽查，了解重点排污企业的污染物排放情况，监控对周边环境的影响；针对性地对环境破坏等行为和现象进行取证并评估影响程度；对私采滥伐、乱排乱放、过牧、过度开荒等环境破坏行为和现象及时发现、取证，并评估影响程度，进行处理。

● 在环境监测工作中， UAS 可以定性和定量地了解如植被、土地、沙漠等生态环境的变化情况；加装采样和监测仪器，配置采样遥控装置，UAS 还可以进行环境监测作业，采集水、空气等样本，监测环境的物理变化，如在饮用水水源保护区湖泊中定期无人机搭载红外相机等巡查，了解水华发生发展情况。这对于比较偏远，不方便到达的地方，不仅可以降低成本，也降低了人员的外业风险。

● UAS 可以辅助进行山水林田湖等敏感区的管理，调查污染事件等。在自然保护区管理中，UAS 辅助巡视、测量植被群落、冰川、水体等环境变化；研究野生动物的习性；发现对野生动植物栖息地干扰或破坏的现象，监控乱捕滥猎行为等。

● UAS 还可应用于海岸带调查，如填海造地、水产养殖、海岸带变迁等情况，近海岛礁监测，船只、藻类、浮标等目标识别，以及海洋环境监测等。滩涂是海水和陆地彼此强烈影响的过渡地带，人类活动频繁，某种自然因素如海岸侵蚀、淤涨、海平面上升，以及人工堤坝、围垦、采砂等社会因素的变化，都可能会导致滩涂的扩展或退缩。近年我国沿海围海造地工程规模越来越大，在提供了更多陆地生存发展空间的同时，也带了大量的生态环境问题，如沿海鸟类和其他各种潮间带的动物栖息地面积减少，水文、水动力条件改变，渔业资源遭到破坏。无人机遥感技术能够捕捉到地表不易发现、难以识别的信息，成为研究大范围海岸线变化独具优势的工具。

● 定期了解和抽查重点企业如排污情况及其对周边区域环境的影响。

5.3 环保水保行业无人机应用历程

5.3.1 无人机应用探索

在 2010 年之前，无人机体积较大、不便于携带，价格昂贵，一般用来做专业的测绘和拍摄，很少在环水保工作中应用。

2004 年 7 月马轮基等对暴雨引起的桂平市蒙圩镇洪涝灾害的调查中使用无人机遥感监测，第一时间得到了洪涝区、退水区、非洪涝区等信息的遥感图，在国内较早地利用自控微型无人驾驶飞机对洪涝灾害进行遥感监测。2008 年汶川地震发生后，无人机在堰塞湖的发展与变化监测中发挥了相当大的作用。2010 年舟曲泥石流自然灾害发生后，无人机小组快速响应，及时获取受灾地区的遥感影像，为灾情的快速评估提供了详细的数据。2010 年王新等分析了低空无人机遥感技术的特点，从可行性方面探讨了无人机与水利中的防汛抗旱、水土保持监测、水域监测、滩涂资源调查等相结合，并对低空无人机遥感技术在水利相关领域中的应用前景进行了探索和展望。

2011 年以后，无人机作为一种新兴的技术，开始了更多的应用尝试。北京水保生态工程咨询有限公司等单位在高速公路水土保持验收中，采用固定翼无人机航拍全部百余公里公路，获得两侧 500 m 的正摄平面影像，取得了全面、直观、高清、普通地面巡查无可替代的勘察效果，识别永久用地和周边临时用地的生态恢复情况，发现弃渣场等水土保持隐患。

交通运输部天津水运科学院2012年开始在青海公路环境评价中使用无人机，从空中勘察村庄等环境敏感点，为公路选线避让环境敏感区，以及环保措施的比选提供参考依据。

2013年江苏太湖流域走马塘拓浚延伸工程中，沿线分布有近百座弃土场，需要对拦挡、场地恢复、绿化等工作进行检查，工作耗时耗力，一次全线巡查需要近半个月。建设单位尝试采用微型固定翼无人机，采集数据经后期软件处理后，全线动态跟踪弃土场使用情况。

2013年、2014年，中国电建集团成都勘测设计研究院有限公司开展了四川省内遂高速公路施工期水土保持监测，利用无人机拍摄，监测和对比水土流失情况和水土保持设施的实施效果。

2013年12月，云南省环科院生态环境保护研究中心和迪庆藏族自治州环境保护局首次运用无人机低空遥感技术，对纳帕海湿地进行生境评估，为生物多样性保护、恢复、科研和规划提供基础数据。

交通运输部环境保护中心一直跟踪无人机技术发展，广泛进行了机型比选，并在2013年开始在机场、公路等环水保项目的评价和验收中应用UAS，在自然保护区鸟类分布、取土场选址等方面进行了有说服力的比选评价，在获得大量第一手材料的基础上侧重推广研究，积累了大量的素材。

图5-1 四川公路水土保持验收航测

5.3.2 无人机应用推广

2014年以后，UAS技术在环水保评价、验收、土地勘察、水利规划等方面应用越来越广。2015年是应用无人机开展环水保科研和咨询快速发展的一年。环保部环境工程评估中心和水利部水土保持监测中心等技术评估单位，以及水土保持学会、中国环境影响评价协会等单位举办了十余场次的培训，大规模地普及无人机技术。

2014年以来，交通运输部环境保护中心在机场、公路、港口码头等多项环水保评价和验收项目中，采用了UAS辅助勘察技术，识别环境敏感区、比选建设方案和临时用地选址的环境合理性；2015年8月—12月，开展了十余期、上千人的宣传和技术培训，为UAS技术的应用推广做了大量工作。

2015年，首届民用无人机系统管理研究论坛、中国无人机系统峰会在北京成功举办。与会领导、各领域专家和创业者对无人机的管理进行了研讨，会议演讲如“微型无人机在环境保护和水土保持中的应用”引发热烈反响，代表了大家对民用无人机发展前景的希望和热情。

2015年水利部松辽委采购无人机多种机型，在松辽流域大中型生产建设项目的水土保持监管、国家级水土保持重点预防工程监管、水土保持动态监测、水土保持重点治理工程等监管中开展了应用实践。

2015年10月，四川省水土保持生态环境监测总站在中科院成都山地灾害与环境研究所的配合下，对凉山彝族自治州会理县鹿厂镇铜矿村（水土保持示范基地）石榴种植基地和会东县（全国烟叶生产第一大县）小坝乡山南村、新云乡春河村烟叶种植基地水土流失情况开展了无人机精准监测。

2015年水利部牧科所研究黄河乌兰布和沙漠段越冬期下垫面变化对沿岸风沙运移机理影响，利用无人机测绘分米级别甚至更精确的位置识别能力，判别沙丘位移，评价植被等措施的水土保持效果。

图5-2 乌兰布和沙漠变化研究（彩图）

2015年以来，环保部和各省环保主管部门开始将UAS用于环境管理，提高了管理水平，完善了执法技术，补充了人力的不足，取得了大量的经验。截至2015年年底，约几十家院、所、公司开始尝试在环水保评价、设计中应用无人机技术。

2016 年“世界机器人大会”在北京举行，交通运输部环境保护中心在论坛上的“无人机即时超视距图传”主旨演讲获得众多同行的关注。

5.4 环保水保微型无人机功能和选型

1. 无人机的选型

在环水保工作中，无人机按用途界定为三大工作目的：一是获取图像；二是获取视频；三是环境（地形、土石方等）测量、测绘。也可以只界定为前两种用途，因为环境测量测绘是在取得图像照片素材的基础上，通过软件技术获得的二次成果。

环水保无人机需要适应较复杂的环境，航测对象是每处千余平方米至几十平方公里、数百公里长度的影响范围。无人机应具有操控安全方便、体积小、方便携带和运输、便于使用维护的行业使用特点。经过多机型选型、多项目实际案例比选研究，初步确定环水保无人机适宜采用小微型规格，即《民用无人机驾驶员管理规定》所明确的“带载荷后整体质量 7 kg 之内”中低速飞行的无人机，这一般是不需要驾驶员证照管理的无人机系统的规格限制。

工作目的不同，微型无人机的选型也不同，可以分为超微型多旋翼无人机、微型多旋翼无人机和微型固定翼无人机三大类。

① 超微型多旋翼无人机主要用于勘察现场，可满足背包便携、图像视频高清拍摄、图像即时监控、航线规划的要求，可进行后期全图拼接、小面积三维数字化建模，操作安全可靠、价格低至万元。无人机的选型常见为四旋翼无人机，一般轴距约在 50 cm 以下，单人操作，载荷在 0.5 kg 以内、总质量在 3 kg 以内，但动力有限，飞行高度在 70 m 以下，抗风能力不超过四五级风（7.9~10.7 m/s）。

② 微型多旋翼无人机主要用于勘察较大范围、地形复杂的现场，可以获得高清图像和视频，并通过后期处理软件制各种电子地图。多旋翼无人机动力更大，两人或多人操作，一般载荷在 1.5 kg 以内、总质量在 5~7 kg，常见为四旋翼、六旋翼无人机，桨叶轴距 50~60 cm，抗风能力可达五六级风（10.7~13.8 m/s）。这类无人机飞行高度可达 150 m 或更高，但按照《民用无人机驾驶员管理规定》，微型无人机飞行高度应在 120 m 以下。

③ 超微型和微型固定翼无人机。对于更大范围，如沟谷、小流域、长距离线性工程的完整成像和测量，需要依靠固定翼飞机。相比多旋翼无人机，固定翼无人机翼展较大，具有轻便的机身、较快的速度、更长的续航时间，

是一种中低空、中长距飞行平台。它经常采用电力或前置汽油发动机作为动力，GPS 卫星导航，沿预先设定的平面和高度航线，由计算机飞控芯片控制自主飞行，具有机动灵活、飞行平稳、抗干扰性好的特点，采用手抛、滑跑或弹射起飞，滑跑、伞降回收，适应多种复杂地理环境，对于 5.0 km^2 左右较大面积的测量或线性 50 km 往返的摄影任务可以单架次轻松完成。飞行高度在 250 m 以下、抗风能力可达六级风（13.8 m/s）甚至略高。

2. 图视频采集无人机的性能参数和选型比较

外业图视频采集一般采用超微型和微型多旋翼无人机，考察无人机性能的主要参数包括质量、大小、飞行高度、抗风能力、相机分辨率、一键返航、航线自主规划、等距等时长摄影等。无人机的性能参数说明见表 5–2。

表 5–2 无人机的性能参数说明

性能参数	说明
质量	微型无人机整装质量限制在 7 kg 以内
外形规格	最微型多旋翼无人机，相邻轴距（拆卸螺旋桨后）20~35 cm，高度（厚度）15~20 cm，可以轻松装入双肩包或装箱大小 20 cm × 45 cm × 45cm； 微型多旋翼无人机，相邻轴距 30~45 cm，高度 25~30 cm，装箱大小 35 cm × 45 cm × 50 cm； 轻小型固定翼无人机，可拆卸，装箱大小 35 cm × 45cm × 55cm
飞行高度	高度越高，视野越大，但成像分辨率越低。汽艇与热气球航拍的高度一般在 500~1 500 m, 有人直升机飞高 150~ 300 m, 能看清路面交通情况，微型无人机最高高度在 500 m 左右，实际上约 200 m 已经与直升机航拍高度相仿了
抗风能力	高度越大，风力越强。考虑阵风等最不利情况，一般微型多旋翼无人机飞行高度在 50~70 m、不建议在超过四五级风（7.9~10.7 m/s）的情况下作业； 微型多旋翼无人机飞行高度在 150 m 以下；微型固定翼无人机飞行高度在 250 m 以下，不建议在超过六级风（13.8 m/s）的情况下作业
航线规划、自主飞行	预先设定作业区，计算机软件自主规划最合理的航线； 现场根据实际情况进行优化，起飞后由飞控芯片控制航线和摄影动作，免除人工操作的不精确甚至错误
一键返航	设定最终返航点，遇紧急情况可一键指令无人机自动返航
相机分辨率	主流设备的相机分辨率超过千万像素，如 4 608 × 2 592（16 ：9）、3 456 × 3 456（正方形）都约等于 1 200 万（1 194 万）像素
等时长或等距摄影	要取得各张数字像片基本相同的重叠率，飞行中需要按照相等的距离（等距）进行摄影，一般是以匀速飞行时相等的时长（等时）拍摄达到等距的效果

表 5–3 介绍了几款目前在环水保中常用的旋翼和固定翼无人机。

表 5 –3 图视频采集无人机的性能参数比较*

	Parrot BEBOP2	大疆精灵 4	大疆悟	零度 EXPLORER	亿航云台版 GHOSTDRONE 2.0
外形规格 /mm	328 × 382 × 89	289.5 × 289 × 185	轴距 559~581	289.5 × 289 × 150	轴距 350 高度 195
质量(含电池)/g	500	1 280	2 935	995	1 150
相机静态照片像素	1 240 万	1 240 万	1 240 万	1 400 万	1 200 万
视频最大分辨率	1 920 × 1 080	4 k/30 帧	4 096 × 2 160	1 080	3 840 × 2 160
电池电量 / 飞行时间	2 700 mA•h，25 min	15.2 V、4 450 mA•h、总容量 68 Wh，20 min	18 min	5 200 mA•h，25 min	14.8 V、4 500 mA•h，总容量 67 Wh，25 min
最大抗风能力	3 级风	5 级风	风速 10 m/s	4 级风	5 级风
一键返航	有	有	有	有	有
航线规划	有（收费）	有	有	有	有
等时长拍摄	每 16 ms 自动拍摄	有	有	否	否

* 数据来自原厂官方公示。

3. 微型测绘固定翼无人机选型和部分性能参数比较

不同测绘用微型固定翼无人机的性能参数见表 5–4。

表 5–4 微型测绘固定翼无人机选型和部分性能参数比较 *

项目	senseFly eBee	特易飞 T-EZ	拓普康 SIRIUS PRO	天宝 UX5	泰一科技 PROPHET 先知	纵横大鹏 CW-20
翼展 /cm	96	200	163	100	150	320
起飞重量 / kg	0.7	5	2.7	2.5	2.7	24.8
工作航速 / $km \cdot h^{-1}$	60	75	65	80	72	90
默认相机	SONY WX220	SONY RX1R	Panasonic GX1	SONY NEX-5R	SONY ILCE-QX1	可搭载多型相机或双光吊舱
起飞方式	手抛	弹射	手抛	弹射	手抛	垂直起降
回收方式	滑降	伞降	滑降	滑降	滑降	垂直起降
正常作业抗风能力	5 级	6 级	6 级	6 级	5 级	6 级

* 数据来自原厂官方公示。

6 无人机系统在建设工程中的环保水保应用

环境保护（水土保持是其中重要的组成部分）的主要工作内容一般是指，项目工程建设阶段的环境保护（含水土保持）的咨询、监管，以及日常对区域（流域）环境的规划、监督管理。建设工程的环水保工作主要包括：工程规划和设计阶段，编制和审批环境影响报告书、水土保持方案，进行相关专业化设计；施工阶段进行监理、监测；交、竣工阶段进行环水保设施的技术评估、行政验收。利用无人机系统可以很好地辅助建设项目和日常区域环境的监督管理工作。

6.1 环境评价、水保方案编制和审查

6.1.1 勘察飞行操作要点

在环境评价、水保方案编制和审查阶段，无人机以环境敏感区或敏感地点的航拍航测为主，全线航拍为辅。由于公路、铁路、管线、输电线等线性项目设计路线摆动较大，一般不具备全线航拍的必要性和可行性。其他点状的工程可实施全面拍摄，有必要时可建立数字化地形模型。

在具体的地点利用无人机进行细致考察，相对地面的飞行高度一般在30~100 m，既可以看清楚细节，又兼顾全貌。拍摄时应将静态的图片拍摄和动态的视频摄制结合起来，图片细致而全面、针对性强，视频信息量更大。视频应避免冗长，例如，对于一处5 hm^2的大型临时用地，一般良好的飞行航线规划可以表现需要的信息，原始视频的时长应控制在60 s以内，便于

剪辑。

在项目汇报时一个普通敏感点（工点）的视频控制在 5~15 s，既有足够的信息量，又会因为过多节点的视频占用过多时间导致项目汇报不分轻重。

6.1.2 案例分析

【案例 1】 新疆某机场环评现状调查。在距机场 3 km 处有以鸟类和湿地环境为主要保护对象的自然保护区，是冬候鸟和夏候鸟的集中栖息地。机场设计的近场航线可能穿越自然保护区上空。为了解候鸟栖息的数量和分布情况以及周边的环境，选择在初冬，采用无人机高飞，充分取得鸟类和周边山水林田湖环境整体信息，为从环境保护角度复核和比选航线的合理性，提出起飞、降落阶段避免撞鸟潜在事故隐患的建议，提供了感性直观、有说服力的参考依据。

【案例 2】 四川省某公路建设项目中，无人机辅助水土保持审查。公路填方路基需要选择取土场，在周边植物较多、通视条件不佳的环境中，采用无人机高飞勘察现场，专家在地面通过屏幕观看传回的实时图像，确定拟取土的小丘环境简单，可以作为推荐场址。同时，考虑到有时因社会因素不能采用推荐场址方案，周边还有若干相似的小丘，没有更多的环境异质性，也可以作为取土场的备选场址。

图 6-1 无人机辅勘察取土场环境

【案例 3】 在环评阶段，道路选线是用大比例尺地图进行“纸上定线”并结合局部粗测进行的。但地图时效性相对较差，如果路线距离村庄很近，需要提出环境保护措施的合理建议。而由于村庄规模大、四围的绿化林木高大密集，这时就可以利用无人机进行勘查，取得即时的、整体的环境资料，提出公铁路选线避让建议，或是声屏障的位置、长度、高度等有针对性的环保措施。

【案例 4】 根据云南昭通新机场 4C 类支线机场规模，考虑其环境影响可能超标的区域或生态直接影响的区域，使用无人机主要测绘并建立了机场跑道 3 km 及两端各 3 km、两侧各 1.5 km 的区域，总面积约 27 km^2 的三维数字化模型。外业工作 2 人、2 天，共 4 个工作日完成无人机测绘工作。

建立机场及周边环境 3D 数字化模型后，在图上识别跑道延长线及周边的村庄、林地、水域等环境敏感点的数量、规模、空间位置，高清的正射影像图（图 6–2）可以大致分辨植被类型，制作环评文件必备的土地利用图和植被图等生态图件。图 6–3 中，按照拟建机场设计的地面高程，以 GIS 软件处理原高低不一的地面为基本水平场坪，可计算填挖方；叠加机场总平面图后，识别油库位置，根据周边地形地貌和下游村庄、水系的空间关系，分析发生事故的环境风险。

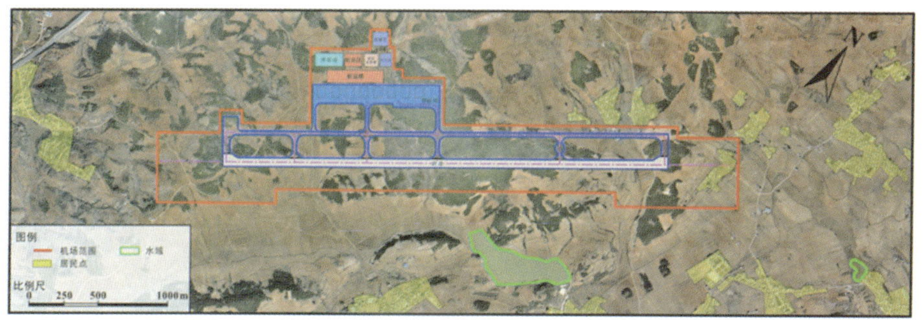

图 6–2 无人机环境调查正射影像图

图 6–3 拟建机场局部地面改造分析和油库区环境分析

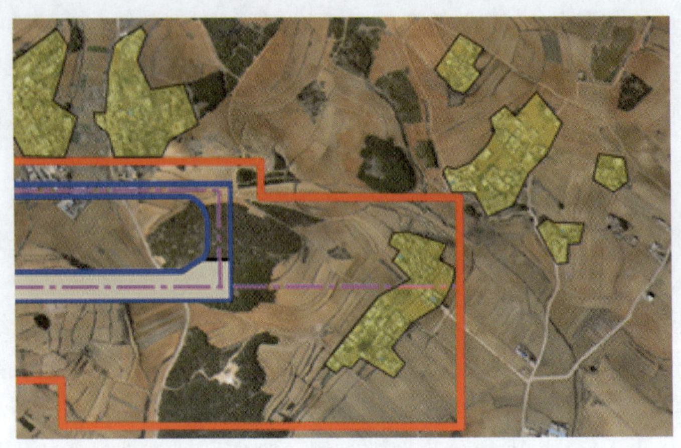

图 6-4 跑道东北方向村庄分布

6.1.3 无人机地形建模用于三维空间噪声预测的新方法

采用 Cadna A 声预测软件，或其他经过验证的预测模式，导入数字化地形模型和其他预测参数，即可进行三维空间的噪声预测。无人机辅助建立地形模型，大大简化了噪声预测时获取平纵面等地理信息的外业调查工作量，使敏感点与噪声源的空间位置关系相关数据更准确，进而使噪声预测更精准。

1. 噪声预测模型和参数

（1）模型 Cadna A 与无人机地理信息配合预测简述

噪声预测模型较多，Cadna A 系统是一套基于 ISO 9613 标准方法、以 Windows 为操作平台的噪声模拟和控制软件。Cadna A 模型简洁方便、对理论基础要求不高，在工作中经常被采用。模型界面中提供了对话框和各种数据选单，预测者可以按提示导入有关数据或参数。

无人机辅助建立声环境敏感区地形和建筑物全数字化的三维空间模型，可以以 CAD 文件格式存储和导出有关数据，其中 DXF 格式的数据包含了敏感点（区）的平面和高程等地理信息。

在 Cadna A 选单中，单击“汇入数据”选择文件类型为 DXF 格式，即可将 DXF 格式的文件导入，生成敏感点（区）的三维空间图，这是噪声预测的环境地理信息背景。如果是空旷地区的地形图，其所有数据都是自动导入的，不再需要人工导入；如果是村庄等建筑物集中区，需要人工在背景图上定义出建筑物的位置和平面基础边界，竖向的高程信息已包括在 DXF 文件中，不需要单独输入。

其他预测技术条件，如声源源强、环境背景噪声等，根据项目情况具体确定，由软件自动运算得出最终结果。

（2）我国铁路噪声预测模式与无人机地理信息配合预测简述

根据铁计〔2010〕44号《铁路建设项目环境影响评价噪声振动源强取值和治理原则指导意见（2010年修订稿）》，铁路噪声预测等效声级 $L_{\mathrm{Aeq,p}}$ 的基本预测计算式为：

$$L_{\mathrm{Aeq,p}}=10\lg\left[\frac{1}{T}\left(\sum_{i}n_{i}t_{\mathrm{eq},i}10^{0.1(L_{\mathrm{p0},t,j}+C_{t,j})}\right)\right]$$

在列车运行噪声修正项 $C_{t,\ i}$ 中，列车运行噪声垂向指向性修正 $C_{t,\ \theta}$；列车运行噪声屏障声绕射衰减 $C_{t,\ b,\ i}$，均需要明确障碍物与声源及敏感点的空间位置，并进行计算。采用无人机摄影测量建立地形模型的相关数值，可以减少人工多次、逐点采集的工作量，提高地理信息的精度。

其他预测技术条件，如单车源强、预测年度、车辆编组及长度、列车运行速度、车流量、车流昼夜比、天窗时间等，根据项目情况具体确定。

（3）我国公路交通噪声预测模式

我国《环境影响评价技术导则　声环境》（HJ 2.4–2009）的公路噪声预测模式，是分别预测某 i 型车辆的噪声后，叠加计算所有各型车辆的交通噪声值。某 i 型车辆的小时交通噪声值预测模式：

$$L_{\mathrm{eq}}(h)_{i}=(\overline{L_{\mathrm{OE}}})_{i}+10\lg\left(\frac{N_{i}}{V_{i}T}\right)+10\lg\left(\frac{7.5}{r}\right)+10\lg\left(\frac{\psi_{1}+\psi_{2}}{\pi}\right)+\Delta L-16$$

其中参数 ΔL 是由多种因素引起的修正量，包括声波传播途径中由障碍物（声屏障、高路堤或低路堑、建筑物）引起的衰减量，由反射等引起的修正量等。ΔL 需要明确障碍物与声源及敏感点的空间位置，位置参数可以由无人机辅助建立数字化模型而进行计算。

2. 无人机建模

一般的公 / 铁路路侧声环境敏感区，如村庄、城市住宅小区等，面积在 1~10 hm² 居多，也有面积更大的居民集中区。无人机进行摄影数据采集，建立地形模型，100 hm² 以上较大的区域一般使用固定翼无人机进行作业，小面积区域一般采用多旋翼无人机进行作业。其中多旋翼无人机有多镜头倾斜数字摄影和单镜头常规摄影两种技术。

无人机在高空用数字照相机，按 70% 以上的轴向和旁向重叠率进行摄影，之后将数字照片通过软件生成全数字化地图。对于需要外观表现更好、立面更精确的噪声预测案例，可采用五镜头的倾斜摄影多旋翼无人机。多镜头倾斜摄影航线规划和摄影照片重叠率要求，与单镜头无人机的相关参数基本相似。

3. 噪声预测案例

【案例 5】 在贵州某公路的建设中，无人机辅助建立了地形图，包括三维地形图、高清平面正射影像图等，其中所有地理信息都是数字化的。例如高清正射影像图如图 6–5 所示，分辨率达到 5 cm，可以识别敏感点及其周围环境信息，以及与公路的空间位置关系。将三维敏感区矢量地形图以 DXF 格式（包括平面和高程的数字化信息）带入 Cadna A 软件，并赋值源强、车流量等相关因子的数值后，软件自动生成二维和三维地形图中的噪声空间预测结果，如图 6–6 和图 6–7 所示。

图 6–5 路段正射影像图（局部）

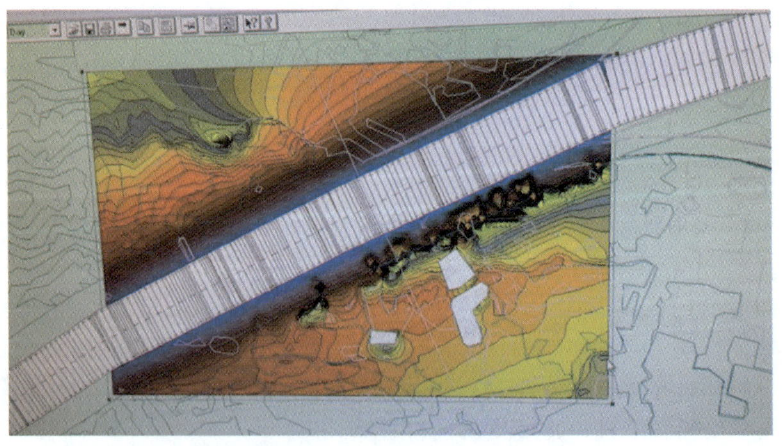

图 6–6 局部路段二维平面噪声预测结果

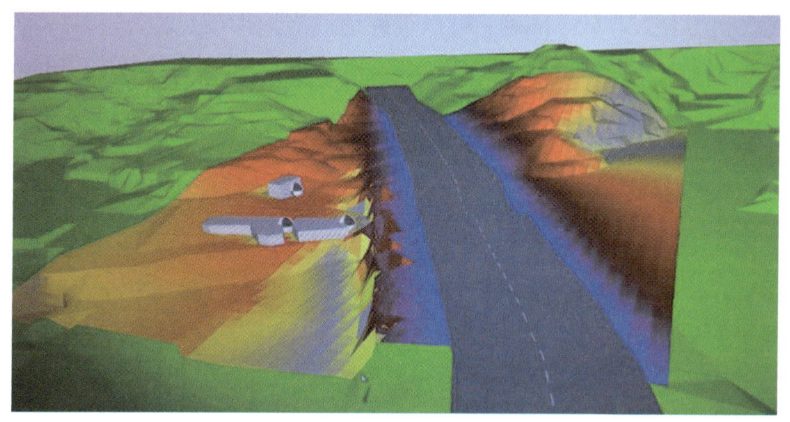

图 6-7 局部路段三维空间噪声预测结果

6.2 环水保监理、监测

6.2.1 概述

根据相关法规和技术规范，大型建设项目需开展环境保护、水土保持的专项监理，在有关项目的《环境影响报告书》和《水土保持方案》以及环保部和水利部的批复中，通常都明确了主要的内容和要求：应由相关专业人员，针对产生的生态破坏和恢复、水土流失、噪声、污水和扬尘废气及其净化设施等，监控其影响的形式、数量和发展过程，减缓和监控产生的环境不良影响，为业主和环境管理部门提供采取环水保措施的科学依据。

对于工程施工中永久和临时用地的环境保护和水土保持监理、监测，有常规的现场监测、遥感监测等技术手段，遥感监测又有卫星和无人机等技术。现场监测难免如管中窥豹，很难在大尺度上充分了解整体情况。遥感监测相对于平面视角而言，其较高空间视角无疑具有优势。

根据《水土保持监测技术规程》（SL277—2002）和《水土保持遥感监测技术规范》（SL592—2012）（以下简称《技术规范》）的要求，流域和建设项目的水土保持监测应采取多种手段进行，包括遥感技术。《技术规范》实施多年来，遥感技术多是利用卫星图识别较大面积的水土流失点，对范围面积的测量只能做到相对准确。国土部门也采用大型高空无人机识别土地功能的非法转换。由于卫星、大型无人机受限于云层等条件，真正能采用的遥感图片不到一半，反应时间较长、费用也较高，在生产监测实践中很难成为可依靠的主要技术手段。随着无人机技术爆发式的进步，微型多旋翼和固定翼无人机在环水保监理、监测中适用性广，越来越得到重视。

微型无人机方便、高效、准确，可以很好地适应地形、云层天气等各种条件。图视频采集后，经后续软件处理取得三维地形、等高线等数字化的测绘成果，不仅可以定位、勘察地形地貌，还可以方便地测量扰动土地面积、土石方体积，从而全面、及时、定量地把握工程水土保持状况，将原来定性和半定量的水土保持工程监理、监测提升到定量的新高度。以小微型无人机系统为主力、卫星等技术取长补短，安排好年度、季节、雨季等监测周期，应该是针对建设项目进行水土保持遥感监测可靠的技术解决方案。

在机型选择上，对于 0.1 km^2 以下较小面积的场地环境，可选择多旋翼机型；更大面积的环境，机型一般采用较为高效的固定翼机型。当采用固定翼机型时，对全区域航拍之外，还需要对环境敏感区进行重点勘察，一般采用微型多（四）旋翼无人机开展工作，方便携带，灵活性更高。

无人机的飞行应选择在晴天，并根据具体机型不同的续航时间确定飞行架次，每架次准备工作、飞行和回收等工作时间约 1~2 h。为避免因数据问题而使烦琐的外业工作返工，应现场初步复核，或进行保险性重复飞行。航拍的常用相机镜头侧向 60° ~70° 可视范围基本是清晰的，在 150 m 以上高度即可取得单侧 300~700 m、两侧至少 1 km 的影像。设定数字像片分辨率 1 个像素点对应地面不大于 7 cm 时，可分辨 30 cm 以上物体的基本轮廓。

掌握建设工程中各个标段、各个阶段的环境变化情况，航拍作业的频次可以定为每月 1 或 2 次，土方作业的施工期需要适当加密频次，便于对比工程进度和环境影响。

无人机航拍环水保的监理监测，可以采集不同内容、不同精度的定量化数据。一般简单地获取平面遥感图像的飞行方案，可以沿长轴线、以航片少重叠率（低于 50%）的设计往返飞行航线，分辨工程影响状况和面积；另一种是建立三维数字化模型的飞行方案，需要设计更高重叠率的飞行航线，可以实现面积、体积的定量测量。这两种航测方法中，后一种方案的精度无疑更佳，需要的外业时间也没有增加很多。

表 6-1 无人机航拍航测方案比较

参数 / 航测方案	平面图方案	三维模型方案
航片纵向 / 横向重叠率	≤ 40% /40%	≥ 70% /70%
地面分辨率	≥ 3 cm，与相机参数和飞行高度相关	
相对地面飞行高度	一般在 150~500 m 以内	
单次飞行时间	每架次 1~10 km^2、飞行 1~2 h	时间稍长，可能需要更多架次
成果	平面图像，测量工程面积	三维数字化模型，测量面积、体积

6.2.2 线域工程的监理监测

1. 简述

公路、铁路、河道航道、管道、输变电等线域工程，环水保监理监测的重点是跟踪施工扰动状况如开挖场地和取、弃土场地，以及环水保措施的实施情况。工程的环水保监理监测，包括全域、日常监测工作，以及对临时工程的重点监理工作两部分。全线飞行采用固定翼无人机效率较高；对环境敏感区和工区进行重点勘察，一般采用微型多（四）旋翼无人机开展工作，方便携带，灵活性更高。

监理的时间包括未开工前的原始环境资料获取，施工期和试运营期的定期和不定期调查。在土石方施工期，定期频率为每月一次，对容易产生水土流失的雨洪特殊时期需要加测；线上铺轨、架线等工程施工期的监测频率可为每季度 1 次。

水土保持监理的内容主要包括：

① 永久、临时工程选址的实际复核，及其与环水保要求的符合性；

② 工程陆续开工、完工区域占地面积；

③ 施工场区对周边的直接影响区面积；

④ 表土堆存和有效保护情况；

⑤ 堆料场体积及防护情况；

⑥ 进场道路的走向、防护和生态恢复情况；

⑦ 场区周边截排水沟渠、末端顺接自然水系的排水系统完整性；

⑧ 泥浆池沉淀池位置和排水去向，是否存在直排入江河（溪流）的问题；

⑨ 工程分部的生态恢复情况；

⑩ 各时期的数据变化比较分析，等等。

2. 案例

【案例 6】 重庆至万州铁路项目建设期间的绝大部分弃渣场位于线路两侧 1 km 直线距离内。2014 年采用 UAS 开展水土保持遥感监测，掌握工程土石方、弃渣场的面积和体积等变化情况。监测范围为以线路为中心线、两侧各外扩 1 km。结合项目现场地形地貌和遥感工作的难易程度，航测精度设置为：数字高程模型 DEM 的高程精度 2~5 m；数字正射影像 DOM 的地面分辨率 0.24 m，水平精度 1~3 m。这属于较低的精度，只能大致地了解情况。根据遥感范围设定和成果精度要求，设计 3 个飞行测区。航高某点的相对高度为 1 200 m，单张照片覆盖面积约为 1 km^2（长 × 宽 =1 234.286 m × 822.857 m），航带间隔 617 m，旁向重叠率 50% 以上；照片拍摄航向间隔 164 m，航向重叠率 80% 以上。在沿线不同飞行测段内共设置了 29 个地面像片控制点，像控点采集设备采用手持 GPS，精度达到亚米级（0.5~1 m）。全线采用的遥感影像数字像片 1 626 张。采用 Pix4D 软件进行后处理，可根据需要利用 Global Mapper 软件生成不同采样率、不同格式的成果数据，例如，采样率 0.22 m、0.5 m、1 m 等。实测结果支持了的水土保持量化监测，获得了大量数据。在以后的定量监测应采用 RTK 设备采集像控点坐标，提高高程精度、水平精度和地面分辨率。

【案例 7】 如图 6–8 所示是一条约 1 km 长的临时便道，通向桥梁施工作业面。由于临时便道隔着沟谷，距离较远，环境监理采用无人机航拍了约 300 m 长度，发现几处垃圾堆。在我国农村地区，缺少垃圾消纳场等基础设施，固体废物已经成为环境影响的大问题，没有恢复的临时便道成为固废等污染扩散的通道。

图 6–8 无人机航拍施工便道

【案例 8】 西南某省公路建设期沿线有一系列弃渣场，环水保监理工作中分别进行了航测，获得了相关面积和体积的动态变化情况；同时掌握了水保设施实行与工程建设不同步等情况，发现弃渣场选址未经批准、未按照“先挡后弃”的原则设置坡脚挡墙、长大坡面未分级、周边没有截排水设施等问题（如图 6–9 所示）。监理工程师对此有针对性地提出了水土保持要求，设计单位及时提供了补充设计，施工单位进行了完善。

图 6–10 所示是公路堆渣场。从周围环境整体的角度，对照环境影响评价和水保方案中，应将弃渣场适当远移至附近沟谷，结合山形水系进行设置，尽量增加耕地。而工程疏于管理，不仅没有因地制宜远运造田，相反堆渣场占用了约 15 亩（1 亩 =666.6 m^2）原水田，仅是做了一般的平整复耕，不符合环水保和有关基本农田保护法规的要求。

结合无人机航拍的照片，对如图 6–11 所示的弃渣场进行分析，发现挡渣墙完整，但挡渣墙下方小水塘长期浸泡土工基础，将造成挡墙失稳，应回填，也可以消化部分弃渣，恢复和谐的地形地貌；渣体坡面需要补充采取工程防护与林草恢复（生态）综合措施。

图 6-9 未完善水保措施的弃渣场

图 6-10 堆渣场侵占基本农田

图 6-11 弃渣场

图 6-12 弃土场

如图 6-12 所示的弃土场规模较大，经测量长 × 宽 × 高约为 80 m × 80 m × 10 m=64 000 m^3。弃土场存在局部甚至较大的水土流失隐患：下方没有但应增加挡土墙，坡顶、坡面增设截水沟，坡面需要补充采取工程防护与林草恢复综合措施。

【案例 9】输变电工程对环境的影响主要是临时工程（料场、施工便道、施工营地等）面积控制及其生态恢复、基坑排水和土石方处置等。北京洛斯达数字遥感技术有限公司和湖南省电力勘测设计院在青藏直流联网工程建设中，针对青藏高原生态环境较为脆弱，高寒草甸、高寒草原、多年冻土等环境在扰动后很难恢复等特点，开展了无人机系统在高原地区环保水保中的应用研究。充分发挥无人机低空遥感摄影测量的优势，获取高分辨率数字影像，经过畸变纠正后，结合已有路径优化成果解析影像空中三角测量、DEM 编辑、影像拼接和正射影像图生成，进一步搭建三维数字环保平台，进行遥感影像解译，识别施工过程中环境影响点、敏感点，获得环保水保各类基础数据资料。在此基础上，定性和定量地展开环境监理工作，以配合环境主管部门的环境管理工作。例如，复核施工道路和营地选择的生态合理性；在高寒草甸、高寒沼泽草甸、高寒草原等较为敏感的植被分布区域施工时，必须固定施工活动范围，限制车辆运输路线，减少对施工区域周边地表植被的压占。

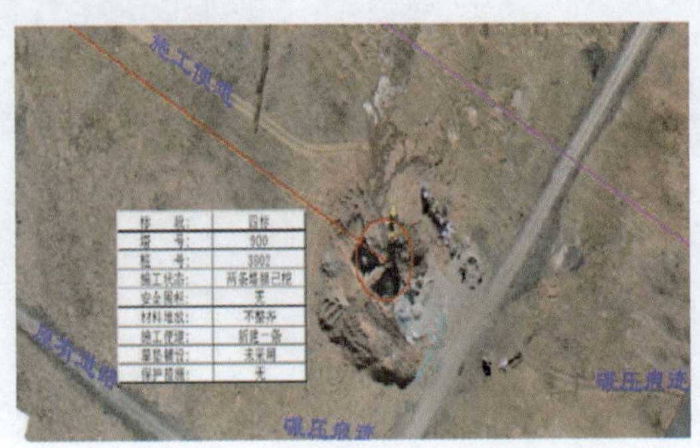

图 6-13 塔位施工环保水保监测图

分次检查环水保要求的落实情况。将无人机航摄的施工影像，进行地物解译等工作后，制作施工环保监测图件。检查是否做好了工地周边草地保护；压占的施工场地草垫铺设情况；开挖表土、生土和建筑材料的堆放是否合乎环水保要求；开挖面、杆塔基础是否及时采取了设置护坡、挡土墙、排水沟等防护措施；持续跟踪环保水保措施执行情况，发现问题及时纠正。如遇到环境破坏突发事件，迅速采取应急措施；施工后的工地植被恢复等情况，通过无人机航摄影像一目了然，并且可以详细准确地统计数据。通过不同时期的数据对比分析，确定破坏环境的范围和程度。施工全过程的影像是工程验收和环保水保后评估的重要依据。

图 6-14 塔位施工环保水保信息图

6.2.3 点域工程的监理监测

【案例 10】2016 年 8 月，贵州省环境工程评估中心前往清镇贵州华锦铝业有限公司氧化铝赤泥堆场工程、六枝特区岩脚镇华润电力（六枝）工程现场，运用无人机技术开展施工期环境监理工作，为环境监理提供了及时、宏观、高清、数字化的遥感数据，全面掌握项目建设进展、周边环境状况、环保措施落实情况等。贵州省环境工程评估中心先后将无人机技术运用到建设项目竣工环保验收、调查工作环境监理工作中，取得了成功的经验。今后还将致力于将 UAS 运用到环境监测、环境突发事件调查等更多环保领域中，为环境管理提供新技术新方法。

图 6–15 华润电力（六枝）工程无人机环境监理

【案例 11】华中某水库施工期采用无人机航拍，建立正射影像图、三

图 6–16 无人机辅助水库施工期环境监理

维地形模型等环境信息库。采用固定翼无人机航拍，飞行技术和辅助人员共4人，作业车辆1台。库区分为上、中、下三区，中库区面积约10 km^2。工区和周边环境影响区域数据采集每次需要2个架次，单次起降作业时间约60 min；为提高作业成功率，安排2次重复飞行;1个工作日即完成外业飞行任务。工程施工期3年，其中土石方施工集中在前两年，每两个月航测1次；之后设备安装和试运营期适当减少飞行次数，每半年航测1次。

6.2.4 北京新机场UAS环水保监理工作计划

1. 北京新机场工程和环水保要求概述

【案例12】 北京新机场是世界上在建规模最大的机场，工程面积占地30 km^2、建设内容多、施工时间长。规划建设4条跑道，年旅客吞吐量7 200万人次、货邮吞吐量200万吨、飞机起降量63万架次；在西侧同步建设1条跑道替补原南苑机场跑道。新机场总投资约860亿元，工程包括机场工程、供油工程、空管工程等部分。

表6-2 北京新机场工程主要内容

工程	主要内容
机场工程	跑道和停机坪工程。新建4条长3 800 m、宽60 m的跑道；8条平行滑行道、26条快速出口滑行道及联络滑行道；83个站坪近机位，67个远机位和缓压机位
	航站楼和附属设施。新建7×10^5 m^2航站楼，1.2×10^5 m^2卫星厅，3×10^5 m^2停车场，1.12×10^5 m^2航空货运站，9.46×10^4 m^2货运站房，1.8×10^5 m^2机务维修设施，7.96×10^4 m^2行政综合办公设施。新建供水能力为3.2×10^4 m^3/d的供水站，处理能力为2.7×10^4 m^3/d的污水处理厂及人工湿地处理单元，转运能力为500 t/d的垃圾转运站
供油工程	新建1座航煤油库，内设8个2×10^4 m^3的内浮顶锥底储油罐；2座航空加油站；总长33 km机坪加油管线；4座汽车加油站；2座特种车辆加油站
空管工程	配套空管工程新建塔台、航管工程、空管运行保障辅助视频系统工程、通信工程、导航工程和监视工程等。北京终端管制中心位于北京市顺义区李桥镇，新建航管工程、终端区运行辅助视频系统及通信工程等

国家环保部《关于北京新机场项目环境影响报告书的批复》中，对施工期环境保护工作做了明确要求：“加强施工期环境管理。优化施工场地布置，严格控制作业范围，加强施工人员环境培训，合理安排施工时间，确需夜间连续作业的，应向有关主管部门报告并获得许可。高噪声机械设备布设应远离环境敏感区，并采取隔声措施。施工废水和生活污水处理后回用，

禁止随意排放。加强施工期扬尘控制，采取作业场所围挡、物料堆场遮盖、施工区域洒水等措施。禁止现场搅拌砂浆和混凝土，施工渣土运输必须覆盖，运输路线应避开居民集中区，运输车辆应定期清洗。对占用的基本农田按照国家有关规定进行补偿，表层土壤进行收集和保存，施工结束后用于土地平整和植被恢复……将生态保护与污染防治措施纳入施工承包合同中。加强施工期环境监测，开展工程环境监理，定期向当地环境保护行政主管部门提交环境监理报告。”另外，北京新机场位于永定河故河道北岸和洪泛区，附近原有地下水水源地，地下水渗透风险大，必须提高施工期的环境风险监控措施，监控油库区、加油站等重点区域的大面积防渗措施的施工。

图 6-17　北京新机场效果图

北京新机场工程复杂，参加建设的单位数百个，工程标段上千处，施工点多面广，工程土石方量大，场地裸露，环水保任务艰巨。在环境监理人员和资金相对较少的情况下，很难实现面面俱到的监理、监测。传统的水土保持监测多落脚在局部，以点带面。但对面的掌握一般是靠图纸和巡视，与实际差别较大；点上的数据量少，资料的数字化程度低，大数据应用基础薄弱，制约了环水保监理监测工作。在“空天地一体化水土保持监理监测”的新理念指导下，在北京新机场工程的环水保监测工作中，充分发挥现场的地面监测、小微型固定翼、多旋翼无人机平立面数字化地形建模，以及卫星大尺度平面遥感影像的各自优势，获取整体高清的工程影像，为细化水土保持局部分析、发现和督促解决问题、保护环境打下了基础，起到了事半功倍的效果。

2. 地面监测、无人机和卫星遥感作业情况

（1）地面监测

地面监测是获得基础数据的必要手段。通过对坡面、堆土场、基坑等施工面，进行插签法、沉砂池法等常规技术监测，获得单位水土流失量、重点流失区等数据，针对性强、数据直接准确。

（2）卫星遥感监测

卫星遥感监测是获取工程整体高清影像，全面了解工程扰动和水土流失情况的有效便捷手段。我国“高分 2 号”卫星分辨率可达全色 1 m，数据对政府科研等单位免费开放；2016 年 12 月，我国自主研制的 0.5m 分辨率高清商业遥感卫星“高景 1 号”成功发射，更使得水土保持卫星遥感监测成为可行。通过我国和国外卫星遥感资料，可以获取北京新机场工程范围的历史影像，以及开工以来各阶段影像，时间间隔以 2~3 月为宜。

（3）无人机监测

无人机监测是借助无人机摄影测量技术，创建地面三维的精确数字化模型，通过 GIS 软件分析、人工识别和现场复核，获取工程区和直接影响区的面积、取弃土工程量等各项地理信息。本次无人机作业小组共 3 人，分别使用固定翼无人机 eBee、Parrot Disco，以及多旋翼无人机 DJI “悟” Inspire 1 pro 各 1 台。无人机分别设置不同的航片分辨率为 3.4~10.0 cm，对应飞行高度 120~500 m。根据机型和分辨率的不同，每航次飞行 30~40 min，覆盖面积 5~100 hm^2。对大面积工程区分区、分次飞行，拼合覆盖。如图 6-18、图 6-19 所示为无人机 eBee 的航线规划和规划参数。

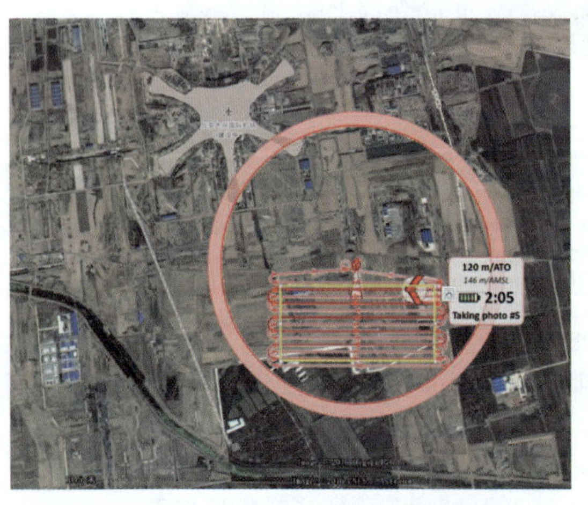

图 6-18　eBee 的航线规划示意图

Resulting flight characteristics

Number of flights:	1
Flight time:	00:30:04
Total flight distance:	21.8 km
Total ground coverage:	64.9 ha
Number of flight lines:	13+0
Flight lines spacing:	49.9 m
Mean flight lines altitude above elevation data:	120 m (3.4 cm/px)
Max flight lines altitude above elevation data:	122 m (3.5 cm/px)
Min flight lines altitude above elevation data:	116 m (3.3 cm/px)
Distance between photos:	30.7 m
Single image coverage:	166.5x122.8 m
Number of waypoints:	16

图 6-19　eBee 的航线规划参数

3. 监理监测数据的获取

（1）无人机监理监测数据

利用无人机拍摄工程区矢量格式的航片，可以获取项目区正射影像（图6–20）、全数字三维立体地形模型（图6–21），以及DEM、DOM等三维地图等，这些信息都是数字化成果，包含了地形、地物、长度、面积、体积等各项地理信息。对其中的地理信息进行分类统计，可以获得水土保持监理监测相应的数据。

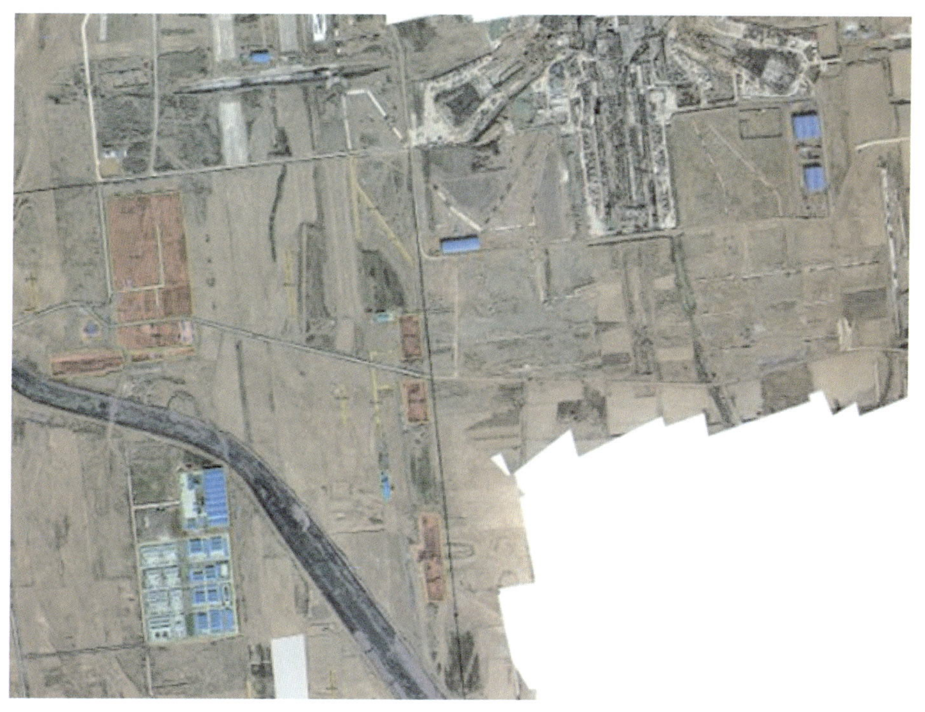

图6–20 项目区正射影像图（2016年10月，局部）

（2）卫星遥感监理监测数据

给定工程区域边界的经纬度范围，取得项目区0.7 m分辨率的卫星整体影像（图6–22），通过解译获得用于放大判读和标注工程区的水土保持信息，从而以空间视角代替地面巡查进行北京新机场项目的环水保监理监测工作。

4. “空天地”一体化水土保持监理监测在工程建设中的应用

利用工程区数字化的航片，建立正射影像图、全数字三维立体地形模型等，包含了各项地理信息。在此基础上，利用地理信息系统GIS系统，统计、汇总和分析任意关心区域的工程量；针对性进行重点工点（工区）的现场核查，分析其工程内容、工程进度，以及涉及的环境影响和环保措施；无人机辅助建立工程全区的数字化用地台账，为环水保现场管理提供翔实的技术资料。结合工程监理，加强对环保工程质量进度和费用的监理。无人机通过航拍航测辅助环水保监理，将原来几乎都是定性表述的环境监理工作小结，提高到定量的技术层面。

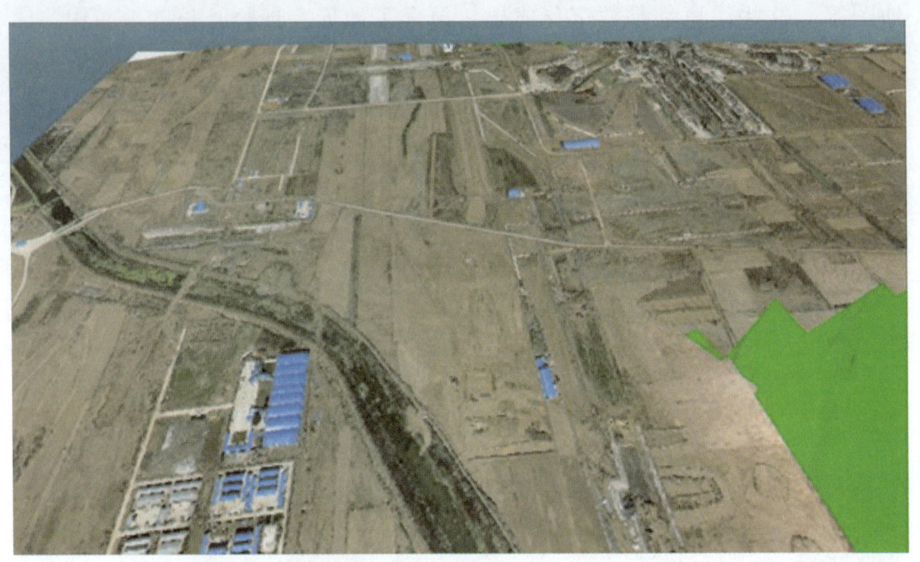

图 6-21　三维立体地形图（2016 年 10 月，局部）

图 6-22　卫星影像图（2016 年 11 月）左：全景，右：细部放大

在以上各项“空天地”数字化信息的基础上，开展水土保持监理监测工作。

① 对表土保护措施的监理监测。根据卫星遥感的历史影像，机场建设区农田表土资源丰富。相关法规和水土保持方案均要求表土剥离和暂存，

供今后绿化利用。通过“空天地”一体化方案监控原农田表土的去向，对长期堆存的表土标记位置、计算方量，并复核覆盖、绿化措施。

② 对全区弃土场、预制场、开挖面等施工作业区，通过数字化航片和三维模型判读所属施工标段、所属监理标段，统计工程中心点位置经纬度、占地面积及占用土地类型。

对各类用地进行识别和计量，如平整裸露而无施工安排场地的位置和面积、河道面积、营地等（图 6-23）。

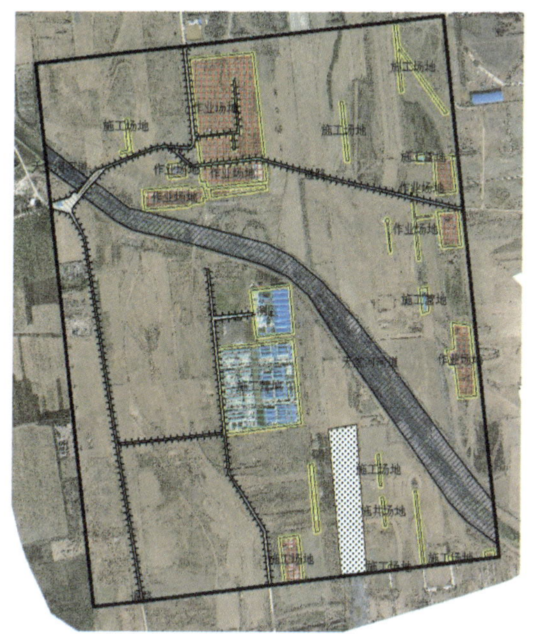

选定的要素信息

<Feature Name>	<Feature ...	<ENCLOSE...	<PERIMET...
施工营地4	房屋	79381 sq m	1.128 km
施工营地3	房屋	22173 sq m	598.43 m
施工营地2	房屋	2187.3 sq m	220.43 m
施工营地1	房屋	1126.5 sq m	143.98 m
天堂河河道	水塘	9354.6 sq m	471.44 m
天堂河河道	水塘	165712 sq m	4.044 km
道路	公路	26136 sq m	5.401 km
	公路	14220 sq m	3.284 km
道路	公路	10002 sq m	2.201 km
覆盖区域	覆盖区	48885 sq m	1.215 km
施工场地3	作业区	2899.7 sq m	217.15 m
施工场地4	作业区	16266 sq m	598.25 m
施工场地5	作业区	13600 sq m	551.55 m
施工场地6	作业区	4291.6 sq m	431.83 m
施工场地1	作业区	78742 sq m	1.928 km
施工场地11	作业区	398.53 sq m	194.39 m
施工场地13	作业区	1464.6 sq m	534.07 m
施工场地14	作业区	8461.9 sq m	382.8 m
施工场地15	作业区	17195 sq m	670.51 m
施工场地9	作业区	8361.6 sq m	420.42 m
施工场地8	作业区	5158 sq m	1.065 km
施工场地7	作业区	2189 sq m	426.19 m
施工场地2	作业区	1622.7 sq m	303.31 m
施工场地17	作业区	10649 sq m	450.53 m
施工场地16	作业区	3264.8 sq m	498.24 m
施工场地18	作业区	841.32 sq m	233.58 m
施共场地19	作业区	764.51 sq m	215.29 m
施工场地21	作业区	2155.3 sq m	537.97 m
施工场地20	作业区	163.72 sq m	56.621 m
施工场地22	作业区	394.96 sq m	82.954 m
施工场地23	作业区	837.81 sq m	117.2 m
施工场地12	作业区	663.02 sq m	246.85 m
测区	County	2697747 sq m	6.633 km

图 6-23　航测施工用地分类识别和统计

③ 对水土保持措施落实情况的监理监测。按照相应的管理要求，监理水保措施落实情况。如在弃土场启用时，首先落实排水、拦挡措施；使用过程中弃土集中堆置，不得随意倾倒；建筑基础、人工湿地等工程完成后，及时检查场地平整、复耕、复绿等措施的实施效果。

夏秋雨季水土保持工作进行重点监理。利用地理信息进行排水分析，评价临时排水措施的必要性，必要时协调补充设计并督促实施。

冬春风沙季节和大气环境重污染日对扬尘问题进行重点监理，因为大面积的裸露地表，造成的扬尘会加重大气雾霾。对于发现的短期裸露地表，应督促采取覆盖措施；较长时间裸露地表，应督促采取快速、低成本绿化措施及时进行防护；已基本完成施工的场地，应督促及时按水土保持方案采取相应防护措施。

在航片上重点关注工程区地表水系原天堂河改道施工情况，监理底泥等弃渣去向（图 6-24）。

图 6-24 天堂河改道施工进展

④ 对临时堆土的监理监测。识别和标记临时堆土场的位置（图 6-25），利用 GIS 软件自动计算工程量，临时堆土场工程指标统计见表 6-3；复核覆盖、绿化措施；进一步获取土方处置计划，并针对下步施工计划进行监理监控。表 6-3 的土方填挖方统计是以地面为标准，挖方（CUT VOLUME）是指高于地面的土方（需要挖出到地面相平），填方（FULL VOLUME）是指高于地面的土方（需要填入到地平面）。

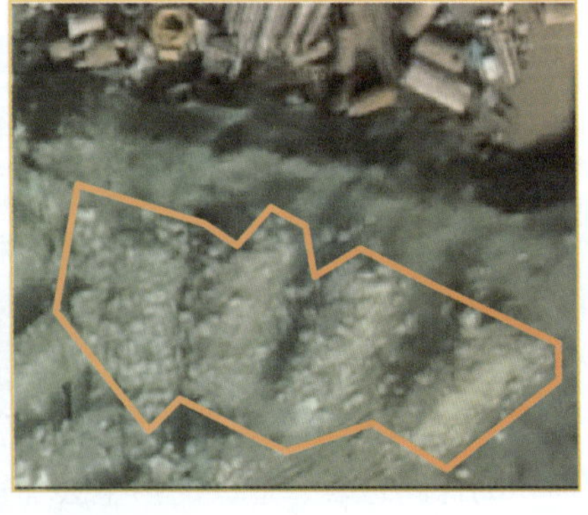

图 6-25 临时堆土场正射影像图

表 6-3 临时堆土场工程指标统计

总体积	挖方体积	挖方区投影面积	挖方区三维表面积
49.00 m^3	49.68 m^3	126.76 m^2	140.98 m^2
填方体积	测区面积	全区面积	填方区三维表面积
0.68 m^3	14.10 m^2	142.11 m^2	53.94 m^2

⑤ 分析建筑垃圾的存放和环保处置情况。

⑥ 监督拌合站（图 6-26）等单项工程进展，及时发现环水保隐患。

图 6-26 拌合站工程进展

⑦ 落实施工车辆清洗的环保措施，包括：位置、规模、洗车用水、沉淀池等。

⑧ 分析拆迁进度，识别工程区外围周边环境敏感目标。

⑨ 设计、标记环境监测点，确保环境达标。

5. 讨论和发展

首先，空、天、地技术各有优势与不足，需要取长补短，综合利用。

地面监测对象是点状的局部，针对性强、数据准确，但难以在工程全域开展。

无人机测量平面、立面分别可以达到 3 cm 和 10 cm 的分辨率，精度较高，作业地点机动，时间主动，数据现实性好，精度可以配合工程量计量，达到一般土石方计量的要求。但不能进行更细致的表面侵蚀量、水中悬浮浓度等测量。

卫星遥感图像整体尺度大而全面，历史资料完整。有的工程开工前由于各种原因而没有地形地貌等水土保持基础数据，历史卫星影像可以弥补这一不足。但卫星遥感反映的主要是平面影像，立面的精度较差；平面影像为亚米级精度，不甚清晰；时间上也往往会有 2 个月或更久的滞后；除非主动调动卫星位置，一般情况下只能在飞临时获取下方目标数据，不能随时获取数据；受云层、雾霾等影响大；对长距离的线性工程，需要多幅图像拼成，工费较高。因此卫星遥感主要作为历史资料进行管理。

图 6-27 2015 年 9 月卫星影像（原环境）

图 6-28 2015 年 12 月卫星影像

图 6-29 2016 年 10 月卫星影像

第二，无人机监测精度较高，一般不设置像控点，不进行测绘级别的工作，避免地理信息数据泄密。

第三，建立数据库，延伸数据价值。通过定期全面的“空天地”一体化监测，比较不同时期的航片、GIS 数据，周期掌握地表变化，监理表土利用、土石方动向、地表裸露等情况；结合日常不定期的局部无人机巡查，动态掌握工程进度及水土流失影响的范围；建立水土保持监理监测大数据库，积累施工期历史全过程资料，为水土流失责任倒查、回顾评价以及水保竣工验收打下坚实的技术基础。

第四，在“空天地”大数据的基础上，结合“互联网+”，进一步开发包括移动 APP 等管理平台，使各级行政和技术管理人员按权限随时掌握水土保持工程进展，沟通信息，发布有关指示、检查落实情况。

6.2.5 高速铁路隧道弃渣场环境监理

【案例 13】 湖北某高速铁路施工期环境监理。

1. 无人机摄影测量成果

无人机拍摄的影像通过摄影测量软件，可制作：

① 全数字化三维地形模型。

图 6-30 不同角度的弃渣场数字地形模型 DTM，网格覆盖区域为计算弃渣场区域

② 模型可以输出正射影像图 DOM。

③ 数字地形模型 DTM 也称高程图，图 6-32 中暖色越深代表高度越高，冷色越深则高度越低。

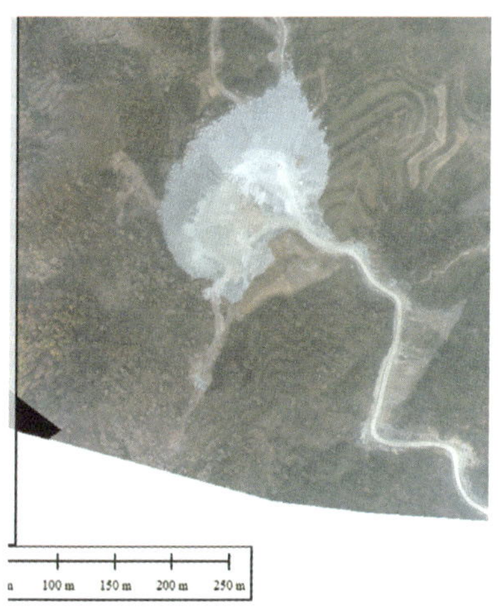

图 6-31 弃渣场正射影像图 DOM

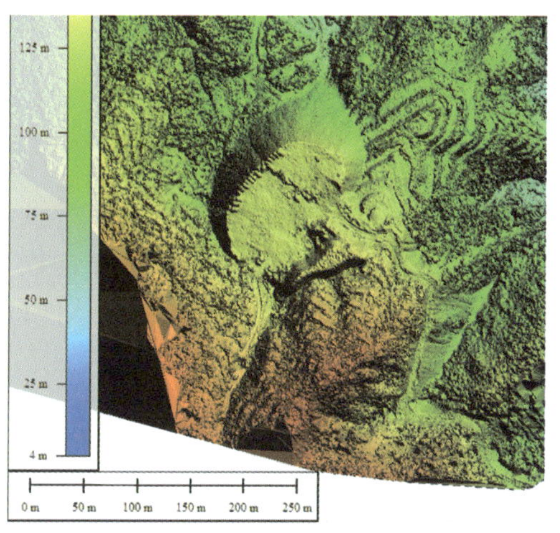

图 6-32 弃渣场数字地形模型 DTM

④ 等高线图 DEM。

⑤ 剖面分析图如图 6-34 所示，A 剖面沿沟道，B 剖面垂直于沟道；弃渣场类型为贴坡型。

图 6-33 弃渣场等高线图 DEM

图 6-34 弃渣场剖面示意图

2. 资料分析和计算

弃渣场顶面标高 127 m，北坡底面标高 75 m，即堆高 52 m。斜坡面基本未分阶地，需要布设分级马道平台，布设截、排水沟。

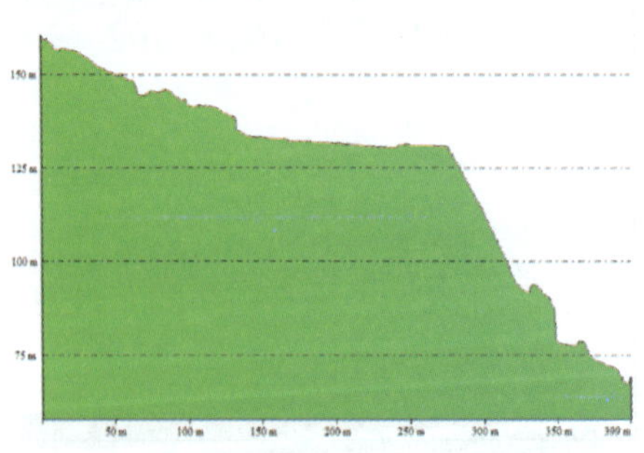

图 6-35 弃渣场剖面分析示意图

A 剖面沿沟道：显示堆高

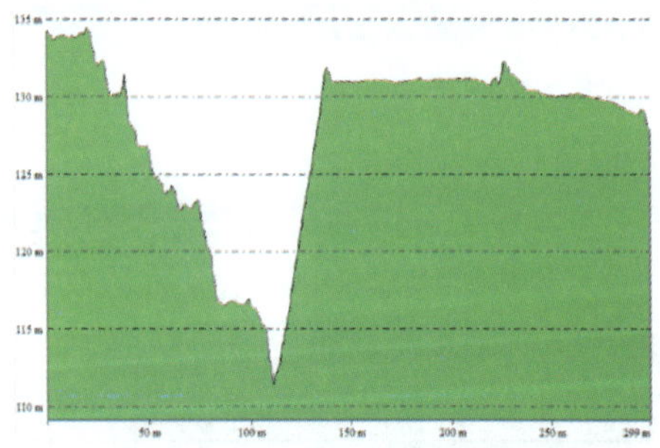

图 6-36 弃渣场剖面分析示意图

B 剖面垂直于沟道：显示排洪通道

弃渣场贴坡设置，一侧留出了排洪沟道，需要进一步完善临沟道的坡脚防护工程，以适应排洪需要；在全数字化三维地形模型的基础上，可以通过摄影测量软件和更专业的 GIS 软件 Global Mapper 计算弃渣场占地面积、渣体体积等。

① 摄影测量软件 Pix4D 生成数字地形图，图 6-37 中红色部分为弃渣堆体，绿色部分为计算切面。由于缺少弃渣前的原始地表模型数据，所以原始的底面设置为对象点连线的平面。通过软件计算，弃渣量（高于原地面底面的体积）约为 122 762.76 m^3；弃渣场其他参数，如面积、边界长度、

洼地体积（低于原地面的）等也可以在结果中看到。

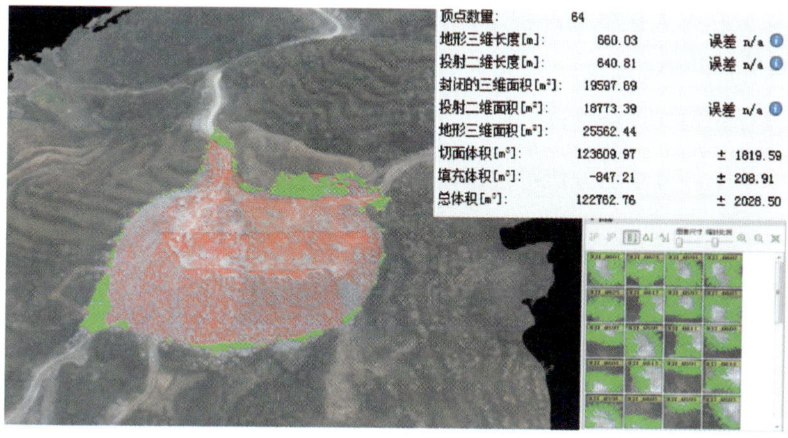

图 6-37 弃渣场多参数计算

② 以 GIS 软件进行测量，可以获得更多的地理信息数据，更利于进行专业化的后期分析。数据通过 Global Mapper 切面计算的弃渣体积约为 124 042.39 m^3，与通过三维点云模型切面计算的弃渣体积基本相同。

如果留存有弃渣前的原始地形模型，使用 Global Mapper 软件，通过弃渣前后的数字地形图地理信息的图层比较，即可得到体积变化量。

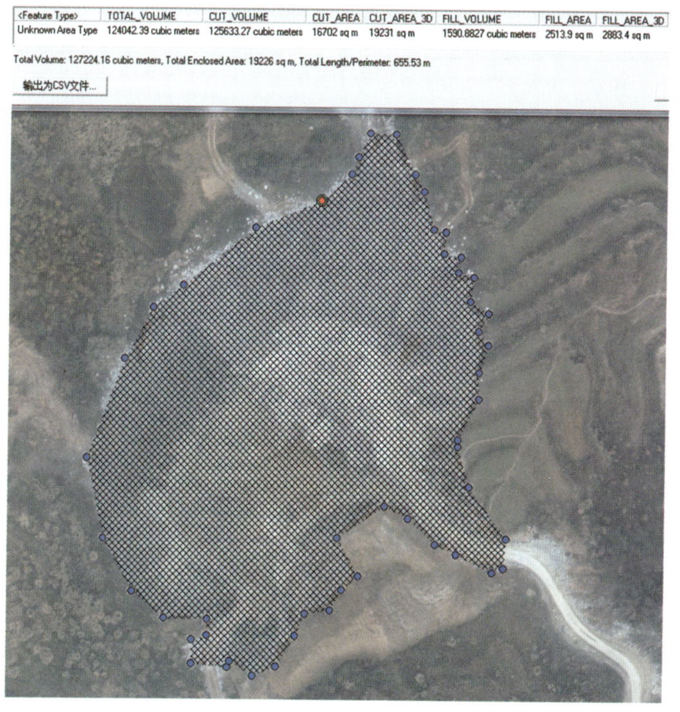

图 6-38 Global Mapper 软件弃渣场多参数测量

6.2.6 环境监理招投标

以某工程无人机辅助环保水保监理为例，介绍招投标需要考虑的因素和相关重要性赋值。

1. 投标分部及评分建议

表 6–4 中各分项的分值可根据资格要求进行权重调整。

表 6–4 分部及评分建议

序号	分部	评分标准	评分建议
1	商务标部分	投标报价评分	30 分
2		申请人资格要求	30 分
3	技术标部分	技术说明和工作大纲评分	40 分

2. 商务标部分

表 6–5 投标报价评分标准

项目	评分因素	评分标准	基本分值
投标报价（30分）	基本分	投标人报价唯一	5
	分析得分	报价组成全面性、分项价格的合理性	0—10
		符合标底价为满分，正负 1% 分别扣 0.5 分，超过 30% 不得分	0—15

表 6–6 投标人资格要求及评分标准

序号	项目	要求	评分办法	赋分
1	基本条件	在中华人民共和国境内依法注册的独立法人		5
2	资质要求：可具有其中部分或全部有关资质	水利部颁发的水土保持监理乙级以上资质	甲级资质	5
			乙级资质	3
		中国水土保持学会颁发的水土保持监测乙级以上资质	甲级资质	5
			乙级资质	3
		环保部颁发的建设项目环境影响评价交通运输类乙级以上资质	甲级资质	5
			乙级资质	3
		质量管理体系认证证书（ISO 9000）		5
3	财务要求	经营良好，近 3 年平均年营业收入不少于 300 万元，具有近连续 3 年内经有资格的会计事务所提供的审计报告	符合条件	5

3. 技术标部分

表 6–7 技术说明评分内容和标准

序号	分项	说明	评分内容	赋分
1	无人机服务能力说明	由投标企业自行进行专业性说明	多旋翼测量应用型无人机	1
			固定翼测量应用型无人机	1
			快速处理数据的计算机工作站	1
			AOPA 颁发的无人机驾驶员资格	2
			人员的 GIS 相关学习背景和操作技能	1
			图像快速处理软件应用能力，如：Pix4D、Agisoft Photo Scan 等	2
2	应用经验	无人机环水保案例或科研成果	每具有 1 个应用案例加 2 分，满分 8 分	0—8
			每具有 1 个科研成果加 2 分，满分 4 分	0—6

表 6–8 工作大纲评分内容和标准

序号	评分因素	评分标准	基本分值
1	与工程紧密结合，从无人机辅助弃渣场等选址、施工期监理监测（含工程量计量），制作相关图件等技术方面，提供工作大纲	（1）考虑无人机辅助弃渣场等临时用地选址的作用； （2）计量数据精度：按 5~10 cm 地面分辨率、高程误差 15 cm 左右等进行技术设计；以 10 000 m^3 土石方量计，计量实际误差不大于 5%； （3）提供各勘察对象的高清正摄影像图； （4）考虑到工程时间进展，提供本项目相关信息的 GIS（地理信息）汇总、分析平台和相关内容； （5）基础数据应包括：1）航空摄影技术设计书；2）飞行记录表；3）航线规划示意图；4）飞行姿态记录数据；5）数字化三维点云（地形图）数据等	15
2	无人机勘察和计量的重点和难点分析		3
3	工作时间和成果提交计划	每 2 个月进行 1 次航拍作业，之后 10 日内提供相关航测数据及分析和环水保建议	2
4	结合无人机作业成果，考虑到提供合理的工程管理和环保、水保专业化意见建议	（1）开工前对渣场等临时工程设置的建议； （2）施工中提供主体工程、临时工程环水保防护措施建议； （3）施工后提供主体工程、临时工程环水保防护和生态恢复措施建议	5

6.3 环保水保竣工验收

公路环境保护和水土保持验收，需要看到沿线永久用地和临时用地的占用和恢复情况。这既要掌握宏观的状况，也要在具体的地点进行细化观察。

【案例 14】 在贵州某公路环保验收中，使用无人机从高空获得公路通过水源地的完整影像，与水源地规划比较，更宏观、准确地复核了环境影响；并通过低空摄影，复核了桥面径流集中收集等环境保护措施的落实情况。

对工程邻近的自然保护区，应全地域巡查，对照原植被、水系等分布，复核各项环境保护措施的效果，发现遗留的生态环境影响。不仅是保护区，由于投资和思想上重视程度不够，部分建设工程的环境保护工作“重永久、轻临时，重内部、轻周边”，留下周边临时工程未进行生态恢复的不良环境影响。利用无人机辅助考察，便于发现问题的位置、规模、影响程度等，在工程环水保竣工验收之前督促解决，不留隐患。

图 6-39 发现临时工地未进行生态恢复

声屏障需要有足够的长度和高度，才能形成合理的声影区，起到隔声效果。山区公路很难找到一个合适的角度拍摄声屏障的效果全貌。环境保护竣工验收调查使用无人机航拍、建模，发现需要增加的声屏障位置，准确计算增加的长度等工程量，建议建设单位进行了补充完善。

图 6-40 航拍补充声屏障工程

6.4 环保水保日常监督管理

6.4.1 我国环境执法和日常监督中的无人机应用

1. 无人机技术的优势和发展

无人机环境监察作业方便、高效、准确、手段多，可以随时随地起飞，飞升到数百米的高空。根据任务的不同，无人机可搭载单反相机、红外成像仪、三维激光雷达、光电吊舱等多种机载设备，配合地面站、通信指挥车进行实时图像、视频、数据的传输和处理。

目前环保部门存在着监管力量和手段有限而工作任务艰巨的矛盾。以广东省东莞市为例，环保部门监管的企业有十万多家，而一线执法人员仅209人。无人机巡查成为执法的辅助手段，可以显著提高环境执法人员对特定区域企业排污情况的直观分析判断能力，扩大排查的时间和空间范围，有效延伸环境监管的深度和广度，提高执法检查的针对性，节省有限的执法人力资源，降低环境监管行政成本，为今后环境监管能力建设迈上新台阶奠定了基础。

无人机巡查航拍，形成了环境监管的威慑力。针对部分习惯偷排偷放的企业、隐蔽性强的污染源和平时环保执法的盲点，通过无人机巡查航拍可以发现一批、严惩一批、警示一批，对排污企业和环境违法行为形成威慑，让他们不敢再偷排偷放，不敢再恶意污染环境。在日常检查中经常存在有的企业与环境监管部门"捉迷藏"、"打游击"的现象，以及检查人员"来了停，走了排"等随意偷拍偷放污染环境的问题，甚至执法人员明明看到企业烟囱排放不正常，但走到现场却不能抓住企业污染治理设施不正常运行的事实。现在绝大多数企业都是由保安人员看守大门，想进入厂区必须经保安向企业相关部门请示同意后才能进入。这样，给企业消除偷排偷放证据提供了可乘之机。利用无人机巡查航拍，可以获取精确的地面工业企业排污影像数据，很容易就能把各种污染排放行为拍摄记录下来，克服了执法取证难的问题；利用无人机对重点督察区域开展无人机红外夜晚监测飞行，形成全天候环境执法能力。无人机还可以应用于环境应急方面——搭载高分辨率数字照相机高空观察突发事件，应急指挥人员不仅能够在事故现场指挥，也能在指挥中心远程实时了解事故现场情况。

环保部卫星环境应用中心在无人机应用中与空军航管部门建立了良好合作关系，形成飞行前报送无人机空域使用申请、召开空域保障协调会议、确定作业方案制度等飞行空域申报工作流程。进一步完善空中飞行安全保障措施和特殊情况处置方案，提高飞行安全保障水平，建立长效、支撑业务化工作的空域保障机制。无人机在环境督察执法中的使用也为新《中华人民共和国环境保护法》实施工作装上了“钢牙利齿”。

在各地取得越来越多的无人机应用经验的同时，环保部门将进一步研发集卫星影像数据、无人机航拍数据、工业企业排污数据、环评数据及地面执法等数据于一体的天空地一体化数据库，为全面掌握督察区域环境情况提供支持。进一步发展大数据技术，形成无人机遥感影像自动分类与解译、目标识别的能力，为现场执法人员提供及时可靠的分析结果。

2. 我国环境监察管理无人机应用案例

【案例 15】 2014 年 6 月，国家环境保护部环境监察局、环境监测司、华北环境保护督查中心联合部卫星环境应用中心先后对京津冀周边大气污染重点区开展了环境执法检查。进行无人机高空监测，成功组织大气污染防治督察行动、环保专项行动、APEC 会议保障前期督察等大型执法和环境大检查活动，对河北省、山西省、陕西省、山东省、河南省、内蒙古自治区、天津市等地区的 19 个区域开展无人机检查飞行 40 余架次，巡查面积超过 5 000 km^2，高空巡查各类大小工业企业 600 多家，共发现存在大气环境问题企业上百家。同时在无人机夜航飞行和红外监测方面取得技术性突破，第一次利用无人机搭载热红外相机对企业进行高空监测，成功在夜晚对钢铁、焦化、水泥等工业企业进行了高空暗查，获取了企业夜间违法偷排偷放证据。

图 6-41　无人机起飞勘察

图 6-42　无人机夜间红外航拍炼钢车间烟尘排放

【案例 16】 邯郸市环保局创新执法手段，引进第三方力量，租用无人机航拍对污染行为进行空中巡查。无人机可以在距离地面几百米高的空中、对周围几十公里进行巡查，对地面上存在的污染看得一清二楚。2015 年 10 月中旬—11 月中旬，无人机起飞 60 余架次、巡航面积 380 km^2、对 11 个县（市）区的 49 家重点企业进行了巡查。共计发现疑似违法排污行为 40 起，其中发现疑似烟气超标排放 20 起，疑似粉尘扬尘堆放或排放 10 起，疑似危险废物违法存放 2 起、疑似污水渗坑偷排 4 起，秸秆焚烧 4 起。实践证明，无人机空中巡查，实现了环境执法的空中监控，不仅解决了发现难、取证难、监管难等许多平时现场执法中难以解决的问题，而且对污染企业和污染行为实现了空中监管和远距离监管，同时对企业起到了强大的威慑作用。

2015 年 10 月，在无人机巡查中发现成安县漳河店镇东漳河村西有一家麦糠加工厂在生产，没有任何防尘措施。环境执法人员现场核实时，发现该企业十分隐蔽，企业四周都是比较茂密的树林，只有一条土路能够进入，而且外围都是庄稼地，就是从附近经过也很难发现。无人机在武安市巡查时，也发现了一个隐蔽性很强的物料堆放加工点，该加工点周围都是树林或庄稼，产生的粉尘污染也不太大，且距离主要道路比较远，一般情况下很难发现。但是通过无人机巡查航拍，任何污染源不论大小都难以逃脱。渗坑排放、偷排投放等水体污染的环境监管难度会更大，隐蔽性更强。但是在无人机巡查中，通过空中监控这些以前难以解决的问题都迎刃而解。

无人机巡查航拍，解决了环境执法取证难题。仅 11 月 3 日一天，无人机就起飞了 9 个架次，巡查面积 90 km^2，对峰峰矿区的焦化、钢铁和成安制管等重点行业进行了巡查，发现疑似烟气超标排放点 7 处，料场粉尘 4 处、疑似污水偷排偷放 1 处。一架无人机在邯郸市峰峰矿区上空进行盘旋巡查，航拍发现一家焦化厂有疑似烟气超标排放和扬尘污染。然而当该厂发现有环保执法人员在用无人机拍照取证时，很快就停止疑似超标烟气的排放。尽管如此，但无人机记录影像经核查属实，该企业将难逃环保处罚。另一次，环保执法人员巡查中发现一家焦化企业正排放大量黑烟，于是立即启动无人机巡查，在技术人员手持终端显示屏上，厂区的一举一动清晰可见。就这样，一经发现有疑似烟气、污水废水、危险废物等偷拍偷放、超标排放以及秸秆焚烧行为时，执法人员即可确定方位坐标，进行录像、拍照取证，然后对取得的影像资料进行技术分析，为下一步调查处理提供重要依据。

【案例 17】 2014 年兰州市环保系统有 6 架无人机加入“冬防”大军，对削山造地工程、砖瓦窑企业、小化工企业、小煤炉小火炉、重点污染企业等污染源进行航拍取证。2015 年 8 月以来为有效缓解甘肃省环境监管区域面积较广和环境监察力量相对不足的实际矛盾，甘肃省环境监察局会同武威、张掖、酒泉三市环保局，对河西走廊地区的武威、张掖、酒泉 3 市的重点区域进行空中巡查。

【案例 18】 2016 年 3 月，一艘民船在汉江的古田三路江湾处，大肆排放油污，长长的“黑龙”顺汉江漂流而下，足有 3 km。排放处往下游 2 km 就是武汉自来水厂的取水口，如果不制止这种肆无忌惮的排污行为，油污很可能污染自来水厂水质。正在江边进行无人机训练的武汉云豹救援队全程从各个角度拍下民船排污的证据，并立即向水务部门报警。海事部门联合水上公安将涉事船只查扣。

【案例 19】 无人机助力贵阳市环保执法。2016 年 3 月，贵阳市环保执法“风暴”专项行动打响“第一枪”。贵阳市采取“三不、三直”的执法方式，即“不定时间、不打招呼、不听汇报，直奔现场、直接督察、直接曝光”，形成了环境执法的高压态势。行动采用暗访小组蹲守、无人机巡逻等方式，开展以“黑废水”“黑烟囱”“黑废渣”“黑废油”“黑项目”“黑辐射”“黑数据”“黑名单”为打击目标的执法行动，制定重点执法监管名单，一旦发现对贵阳青山绿水抹黑行为，严惩不贷。行动中共立案处罚案件 32 件，处罚金额 80 万元。现有 4 架无人机在空中排查，主要监控河流，对流域沿岸的企业、工地进行空中俯拍，查看有没有偷排偷放行为；一旦发现可疑点，马上拍照留下证据，涉事企业无从否认；对野外焚烧点，可以通过“天空的眼睛”以最快速度发现火情，以便及时处理。

6.4.2 水利规划、水土保持规划和日常管理

我国是一个水资源分配不均、人均水资源贫乏的国家。随着人口增长和经济发展，水环境开发利用和保护问题日益突出。准确掌握河湖水系分布、流域面积、水库容量季节变化、监视入库污染物、库区水环境污染状况等情况，是利用和保护水资源的基础。无人机可以辅助进行水土保持规划、防汛抗旱、水资源调查和数据库建设等工作。利用无人机低空遥感技术进行水资源调查，不仅速度快、效率高，节省人力、物力、财力，更重要的是数字化成果准确，并与数据库相结合，形成水域动态监测成果。

图 6–43 南水北调工程枢纽

掌握河流水系及其流域面积的准确数据是水资源开发利用的基础。利用无人机技术建立地理信息系统，辅之以实地复核和目视解译，逐步建立和完善的分布、权属、类型、面积、淹没线高程、水量等信息库，可以更

好地实现水域资源信息的定量化、数字化。在数据库的基础上，可以监测水域变化、非法水域占用等情况，为科学预测和执法工作提供支持；还可以辅助水利规划、航道开发研究等，满足经济社会发展及水域资源管理的需要。

【案例 20】 2016 年 5—6 月，国家水利部对全国 30 个省的坡耕地改梯田等水土流失综合治理项目重点工程进行检查，检查组全部使用无人机系统，包括无人机和工作站野外信息采集端、图视频后处理软件，及时形成航拍拼图，与全国水保信息系统数据库中的原设计措施的位置、措施类型、数据等进行对照，实现精准检查。

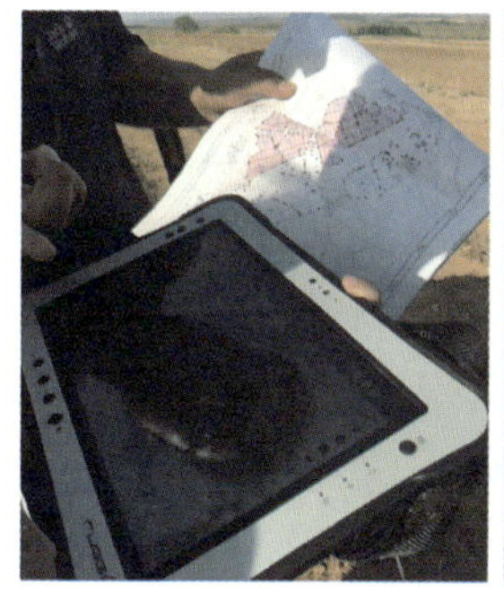

图 6-44 无人机现场核对

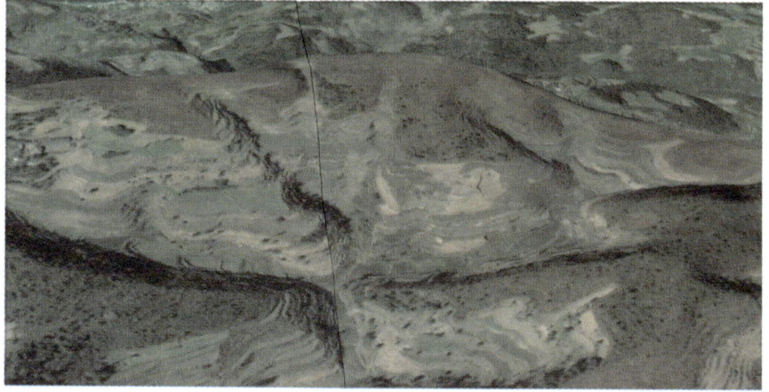

图 6-45 无人机辅助建立全数字地形模型

【案例 21】 在西北某水库日常管理中，由于年度、季度水热条件不均，库区水位的变化较大。水库淹没线的变化造成了周边土质坡地坍塌、水土流失、淤塞库容。因此需要掌握水位的变化情况和规律，预先制定防治对策。考虑到库区面积大、边坡陡险，人工测量几乎难以作业，水库管理部门采用无人机技术，建立地理信息系统数据库，跟踪水位变化，达到了事半功倍的效果。

图 6-46 水库岸线变化监测

6.5 环境监测

6.5.1 概述

无人机机载环境监测仪器，进行远程、近地和低空的采样和分析，是对常规监测方法很好的补充。无人机环境监测，广义地讲包括无人机采样、无人机即时数据输出和无人机数据采集后经软件后期处理数据分析。由于不便于搭载大型化学分析仪器，小微型无人机环境监测的工作原理借助的是光学成像和激光、微波成像原理，机载成像系统可实现高质量光谱的实时采集、存储，部分影像数据通过数据链实时传递到地面站，经高速数据处理软件直接转换，即时分析形成监测数据；更多数据需要待无人机返回地面后，将采集卡信息导入计算机工作站进行快速检查浏览，之后通过光谱与污染因子特征值的对应关系，经软件处理形成环境监测数据。目前尚缺少通过机载化学分析仪器而进行分析的无人机设备。

无人机环境监测是建立在无人机技术，以及便携、手持监测仪技术之上的。但环境监测用无人机目前市场产品很少，其发展需要跨越如仪器与无人机协同等障碍，只有将两者进行系统集成，改变仪器的电源、显示面板，开发在地面端的无人机遥控显示选项等，并通过实践、示范，形成技术和方法的规范，取得认证，才能满足市场需求。

6.5.2 监测项目

环境监测用无人机可测的项目越来越多。在生态、水、气、声、渣、放射性等的监测项目分类中，由于无人机螺旋桨风动噪声、电机噪声大，暂不适用噪声监测外，其他监测项目均开展了初步研究和应用。

1. 生态监测

无人机搭载高清可见光相机、红外相机、多光谱相机、高光谱成像仪等，以及雷达、合成孔径雷达等遥感设备，采集图像等信息，经过后期软件处理，来进行植被覆盖度、动物和植被群落主要物种组成和分布等分析和统计。鉴于航空遥感和卫星遥感已有一些成熟的处理软件，无人机遥感的后期处理，可以在此基础上进行再研发，达到事半功倍的效果。

2. 气体采样和因子分析

（1）气体采样

无人机搭载小型采样泵，采集和储存少量气体样本，带回地面进行分析。

类似的技术需要突破采样小流量造成的样本量少，样品储存容器等问题。

【案例 22】 大疆创新（DJI）于 2016 年 5 月发布了一段视频，展示非营利性组织海洋联盟（Ocean Alliance）借助无人机开展对鲸鱼研究的情况。该组织开展了一项名为“Snotbot”的项目，使用无人机在鲸鱼浮出水面呼吸时，采集从其体内喷射出的水柱作为研究样本，用以分析鲸鱼的生存状况。海洋联盟的科研人员在墨西哥科尔特斯海域进行 80 次飞行，研究了蓝鲸、灰鲸和座头鲸。他们收集到鲸鱼的肺部内膜细胞样本，由此进行一系列分析研究，包括 DNA 分析、病毒和细菌检测、毒素检测以及测量能体现鲸鱼生殖周期等信息的激素水平。

图 6-47 无人机采集鲸鱼呼吸样本

（2）环境污染因子监测

借助光谱分析的原理，环境监测无人机可进行烟气、氮氧化物（NO_x）、SO_2、总悬浮颗粒物（TSP）、PM_{10}、$PM_{2.5}$ 等多项环境因子的分析。无人机载光学成像系统，可实现高质量光谱的实时采集、存储，部分数据可即时分析，其余数据需要待无人机返回地面后，进行快速检查之后通过光谱与污染因子特征值的对应关系，经软件处理形成环境监测数据。

【案例 23】 在英国，每年由废弃食物所产生的气体达到 2.1×10^7 t，成为空气污染气体排放的主要来源。有关研究报告显示，英国废弃的鸡肉每年大约会产生 6.9×10^5 t 二氧化碳和其他一些温室气体，相当于 29 万辆汽车的排放量。在曼彻斯特大学和英国环保局的共同努力下，无人机开展了垃圾填埋场上空的飞行实验，检测食物垃圾所产生的气体。无人机由弹射器发射，搭载气体监测传感器，每次飞行时间约 20 min。

3. 水环境采样和监测

（1）水质样品采集

对于比较偏远不方便到达的地方，采用无人机取样可以节约成本，也能降低研究者的出行风险。

【案例 24】 美国商用无人机制造公司 Precision Hawk 研发了一款采集水样的无人机，以帮助生态学家或石油公司进行生态研究或追踪石油泄漏等情况。无人机携带的浮筒上安装一个水泵和储存箱，当无人机悬停在水面上时，就能通过水泵抽取一定量的水作为样本。

（2）水质分析

【案例 25】 高光谱成像技术现在已可测出水体的叶绿素含量、泥沙含量、水温、水色等指标，对环境污染事故进行跟踪调查，预报事故发生点、污染面积、扩散程度及方向，估算污染造成的损失并提出相应的对策。

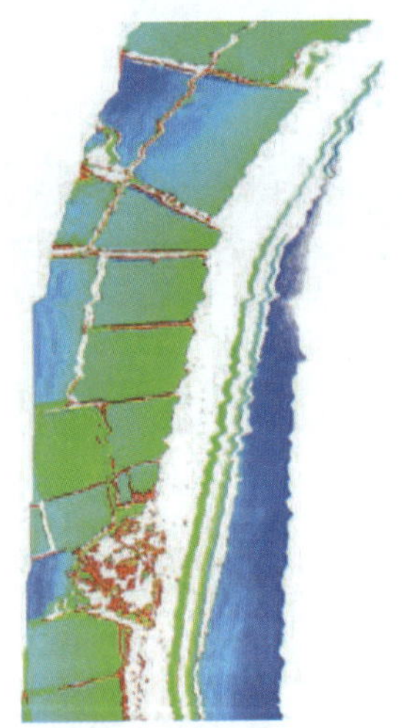

(a) 悬浮物分布趋势

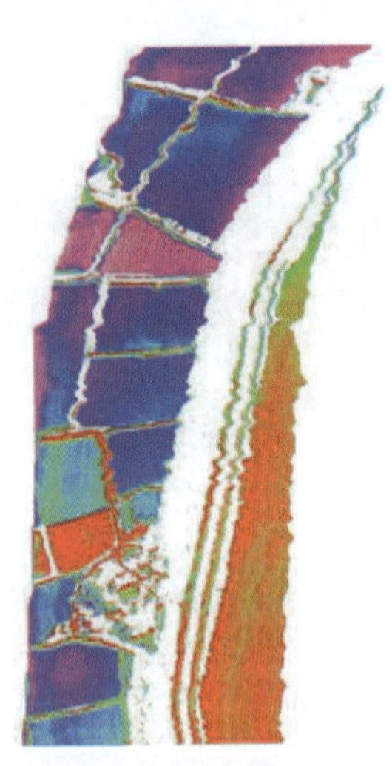

(b) 叶绿素分布趋势

图 6-48 无人机监测

奥普特科技（北京）有限公司研发 ZK-VNR-A1200 无人机机载高光谱成像系统，在浙江省开展了地面河流和湖泊的光谱成像试验，用于水环境的监测及治理效果评估。

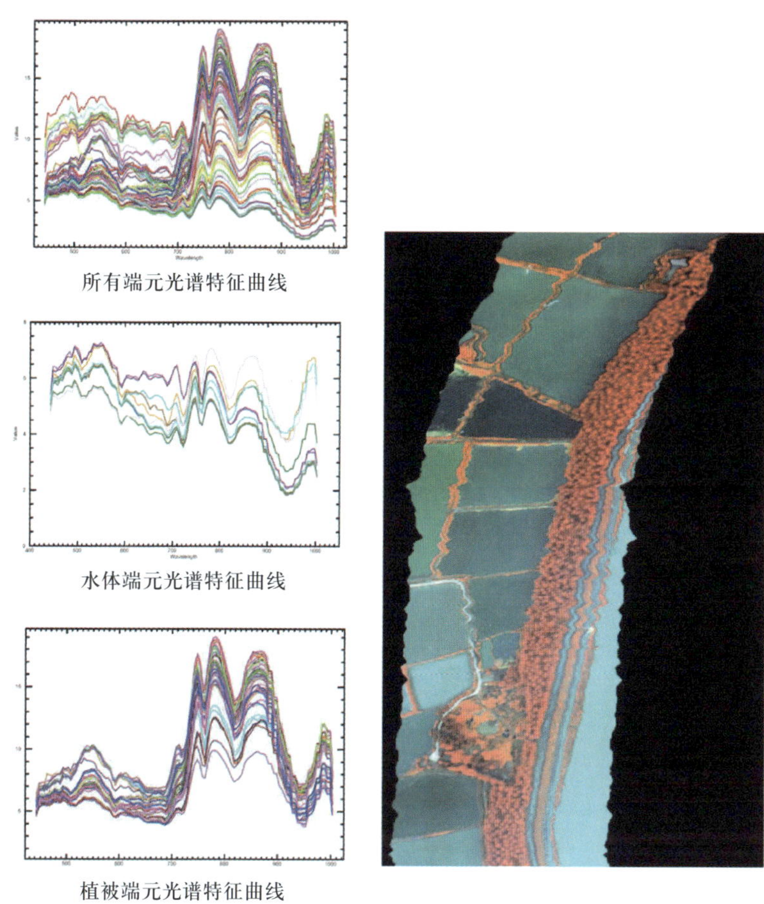

图 6-49 河流水体高光谱航空遥感影像（经几何校正处理）

6.6 环境和水土流失风险应急

在风险应急中，无人机遥感技术具有的快速反应能力，可以为灾害的治理提供及时、准确的数据。如果 2008 年作为无人机应急的初试，2013 年雅安地震、2015 年天津港爆炸、深圳弃渣场滑坡等事件中，无人机已被大量使用，不仅是政府部门，很多民间组织、新闻单位都使用了自己的无人机航拍系统。Quickeye（快眼）应急空间信息服务中心是中国第一个面向全国的商用应急空间信息服务中心，是我国无人机应急遥感应用的开创性尝试。

【案例 26】在 2008 年汶川抗震救灾过程中，无人机表现出强大的优势，在救援千头万绪、力量有限、余震险情不断的条件下，无人机率先获取的青川、堰塞湖等地方遥感影像，在第一时间支持了抗震救灾工作。

【案例 27】 2013 年 4 月在四川省雅安市芦山县的地震应急中，国家基础地理信息中心在第一时间赶制出雅安地震灾区震后无人机航拍影像图，四川省测绘地理信息局、中国测绘科学研究院连夜对获取的宝盛、太平、龙门 3 乡镇低空无人机影像进行解译，在宝盛乡、太平镇、龙门乡附近初步判定滑坡 203 处、公路被堵 57 处。这些次生地质灾害点的发现，为震后次生地质灾害治理和抗震救灾工作的开展提供了重要参考。这些次生地质灾害点通过基于天地图的“四川省芦山县 7.0 级地震地理信息发布平台”（http://www.scgis.net/LSXEarthquake/）对外发布，公众可通过该平台查询核心灾区次生地质灾害点位置。

图 6-50　无人机航拍雅安地震

在防汛抢险中，无人机可以克服交通等不利条件快速赶到出险地空域，以高空全面的视角查看险区地形地貌，获得水库、堤防险工险段的实时信息，同时保护了危险环境中勘察人员的人身安全。根据实时传递影像等信息，相关的部门可以监视险情发展，对突发情况了解更加全面、反应更加迅速、人员协调更加充分、决策更加有据。

【案例 28】 2011 年美国墨西哥湾钻井平台爆炸后，为监控溢油扩散变化，动态评价应急反应措施的有效性，艾伦实验室公司的无人机参与了协助溢油监测和溢油处理等工作。

【案例 29】 在日本，减灾组织使用无人机携带高精度数字摄像机和雷达扫描仪对正在喷发的火山进行调查，无人机能抵达人们难以进入的地区快速获取现场实况，对喷发情况进行评估；使用无人机辅助监测福岛核电站核燃料池附近的辐射强度并进行量化研究，为核电站及其他核设施的管理提供基础资料。

6.7 无人机助力环境保护宣传影视作品创作

在环境保护宣传影视作品中，也越来越多地采用无人机拍摄技术，这些作品以新奇的视角，带来强烈的感染力和震撼力。无人机机载数字摄录像机的像素一般可以达到 1 080 p 或更高，可以满足电视台最低 720 p 的播出要求。无人机助力环境保护宣传片，可以发挥无人机航拍视角和建立数字化模型的优势，作品完整的内容体现“四有”：有高空摄影、有地面摄影、有三维模型动画、有高清的正射影像图。

无人机航拍重要的技术关键，第一是梳理高质量的分镜头剧本，剧本表现的环境保护内容丰富真实、叙事张弛从容、情节感染力强、拍摄计划紧凑；第二是需要与传统摄像技术相配合，不能仅仅使用无人机航拍，否则不容易完整地表现拍摄对象的整体和特点；第三是提高拍摄技术，不仅需要表现环境保护本身，还需要配合周边山水生态环境、彩霞白云蓝天等，创作出高质量的图视频素材。根据无人机航拍的特点，特别要注意避免清晰度不高、稳定性不强（抖动）等常见的问题。

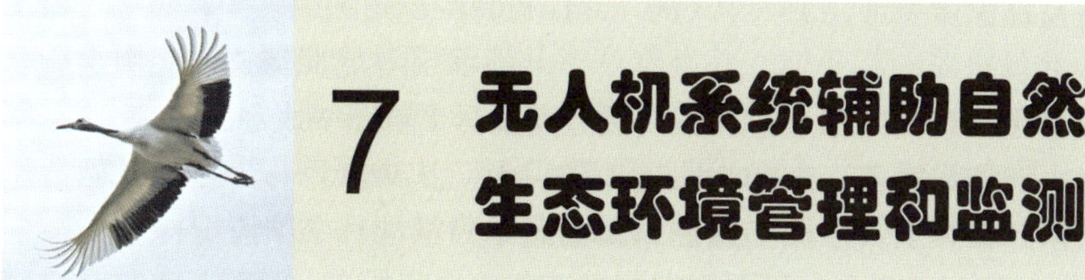

7 无人机系统辅助自然生态环境管理和监测

利用无人机调查自然保护区、野生动植物及其环境，在我国以及美国、加拿大、澳大利亚等全球其他一些国家都有很多尝试。现在普遍认为，无人机获取航拍图像和视频数据时十分高效，在很多情形下拍摄野生生物方面所能做的远远比人更多更好。研究者对未知或不熟悉的环境进行考察，无人机系统是获得全面的、第一手感性知识的好助手。

7.1 辅助自然栖息地保护和科研

自然栖息地是指各种有或者没有法律法规要求的自然生态环境，其中有法律法规要求的自然生态环境包括各级陆生、水生和海洋自然保护区、国家公园、森林公园等，没有明确针对性法规保护边界的自然生态环境包括其他山、林、田、湿地、溪河湖泊、海洋、岛屿等。对这些未知或不熟悉的环境进行考察，借助无人机技术可以获得全面的信息。

7.1.1 我国应用 UAS 辅助自然保护区和其他环境研究和管理

1. 云南纳帕海高原湿地生物多样性保护基础数据调查

云南省环境科学研究院（简称云南省环科院）网站报道，2013 年 12 月，云南省环科院生态环境保护研究中心和迪庆藏族自治州环境保护局首次运用无人机低空遥感技术，对纳帕海湿地进行生境评估，为生物多样性保护、恢复、科研和规划提供基础数据。纳帕海湿地是云南高原湿地中较具有代表性的季节性湖泊湿地类型，于 1984 年被批准为省级自然保护区，2004 年列入《国际重要湿地名录》。由于纳帕海湿地地处多种生物区系的交汇地带，鸟类多样性极为丰富，是国家 I 级重点保护野生动物黑鹤（中部越冬种群）在滇西北最重要的越冬地，并有着许多其他珍稀濒危保护物种。雨季源自雪山森林的纳曲河、奶子河等十余条溪流汇入湖中，湖面上千公顷，水深 4~5 m；旱季水量变小，湖面缩小至 500 hm^2，大面积的深明水湿地转成了浅明水的湿地和中生草甸，其他湿地类景观以转成中生草甸为主。

图片来自云南省环科院网站

图 7–1　无人机航拍纳帕海

水域面积是影响湿地生态系统状态的重要因子。无人机航空遥感能在短时间内获得即时高清影像数据，进而提取区域植物群落种类、分布情况，水禽生活环境质量和种群动态变化。无人机遥感的调查结果，有助于鸟类种类、数量与水域面积的相关关系研究，建立鸟类生态需求与水域淹没区最优适应性模型，助力纳帕海生物多样性保护，同时也为其他高原湿地的保护与恢复提供借鉴。

2. 新疆维吾尔自治区河狸栖息地调查评估

河狸是我国 I 级重点保护野生动物，在我国仅分布于新疆维吾尔自治区阿勒泰地区清格里河、布尔根河和乌伦古河流域，由于水土开发等造成的河谷林退化是河狸生存面临的最大威胁。2016 年 5 月底至 6 月初，由易科泰生态技术公司无人机遥感技术事业部、陕西师范大学生命科学院、阿勒泰山两河源保护区、阿尔泰山国有林管理局的有关专家，利用易科泰生态技术公司自主研发的 EcoDrone 8 旋翼无人机遥感系统，搭载有高清彩色摄像头、Condor 3 多光谱镜头、RedEdge 多光谱镜头等设备，对清格里河等河段河狸栖息地进行了调查评估。

图 7-2 清格里河河谷林河狸栖息地环境彩色正射影像图

图 7-3 清格里河河谷林河狸栖息地彩色正射影像图

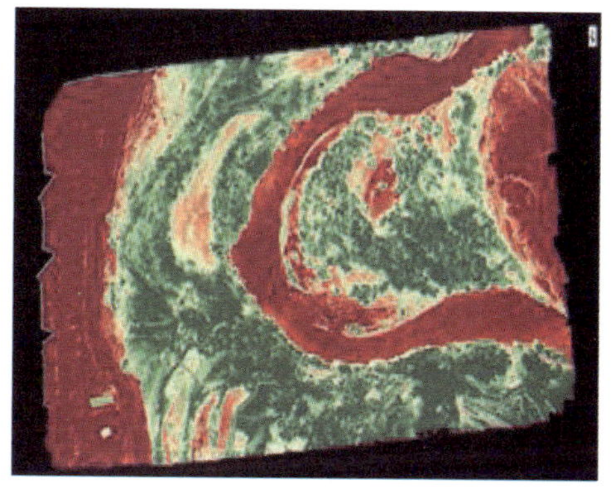

图 7-4 植被覆盖指数（NDVI）

3. 公格尔九别峰北坡冰川地质环境监测

公格尔九别峰海拔 7 530 m，是西昆仑山脉上的第二高峰，冰川规模大，冰峰雪坡相互错落，雪崩频繁。2015 年 5 月，位于克孜勒苏柯尔克孜自治州阿克陶县布伦口乡的公格尔九别峰北坡冰川发生快速下滑移动，导致当地 1.5 万亩夏秋草场消失，60 余户牧民房屋受损。5 月 18 日，中科院新疆生态与地理研究所遥感与地理信息系统重点实验室迅速成立灾害应急小组，派遣无人机作业组赶赴事发区域，于 5 月 21 至 23 日在海拔 3 400~7 000 m 的灾害区域开展了无人机航空摄影测量作业，飞行测图总面积达 18.2 km^2，分辨率为 20 cm。解译结果表明，公格尔九别峰北坡冰川左侧部分剧烈下滑，冰体破碎严重，没有留存冰面湖；右侧冰川近期相对稳定，在测图区内发现了 109 个冰面湖。根据影像资料，分析这次冰川地质灾害的原因是，冰川下滑遇阻导致左侧冰川的中下部剧烈抬升，使得原来低于冰渍岸的冰川高过岸边房子 70 多米，并向岸边倾倒，从冰川上方掉落的冰块和石块摧毁了部分建筑，同时抬高的冰川融化形成的水流，造成3处滑坡，导致了较严重的地质灾害事件。进一步的分析研究认为，由于当地气温升高，公格尔冰川造成地质灾害的可能性越来越大，形成大小冰湖溃坝的可能性也在增强，需要尽快建立监测与预警系统。

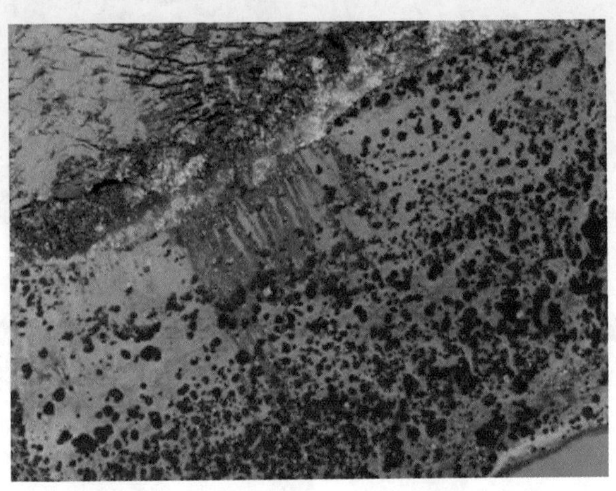

图 7–5　无人机监测冰川滑坡

7.1.2　国外应用 UAS 辅助自然生态环境研究和管理

1. 无人机大数据研究使野生动物保护区调研自动化

无人机获取航拍图像和视频后，即使对于计算机而言，这些图像信息的处理也可能会很困难，数据分析工作仍然是有待完善的一个环节。瑞士洛桑联邦理工学院的研究团队在纳米比亚的 Kuzikus 野生动物保护区，利用无人机调查野生动物的种群，包括鸵鸟、条纹羚羊、角马、斑马和犀牛等动物，获取了大量的航拍遥感数据。然而在进一步的研究时，需要准确地辨识岩石、灌丛和真正的动物。研究者花了大量精力对 26 000 张图片中的 98% 的图片进行了辨别处理，这些经鉴别的图像可以用于训练计算机的算法，以自动识别类似的图像。倘若此类识别动物的算法能够得以完善，无人机就可以同计算机无缝协作，精确地处理所收集的数据。那么将大大减少人类的工作量，野生动物保护区调研工作就可以实现自动化。

2. 无人机辅助亚马孙雨林生态环境保护

为了更好地保护辖区内的亚马孙雨林区，位于秘鲁的亚马孙流域保护协会（Amazon Basin Conservation Association）尝试使用无人机来监控非法伐木和开采的现象。保护协会的工作人员通过卫星图片分析出可能出现非法伐木和开采的地点，然后派出无人机飞往这些 GPS 坐标地点，进行观察、确定和取证。同时，无人机实验室还尝试通过无人机观察亚马孙雨林的土地退化状况、测试空气中的二氧化碳含量等工作。

图 7-6 无人机系统辅助亚马孙雨林区环境保护

3. 无人机系统辅助重建古泥炭沼泽生态系统

瑞士使用eBee无人机对一个需要重建的古泥炭沼泽生态系统进行测绘，创建正射影像图与地面模型。

泥炭沼泽是在被水淹没的地方历经几个世纪发展而成。在被水淹没的环境中，那些负责有机物分解的微生物无法生存，因此死去的植物无法腐烂，而且层叠起来，渐渐地就生成了大量沉积的泥炭。泥炭沼泽里生活着一些特定的植物、动物，很多种类只能在这种特殊的环境中生存，其中有不少属于珍稀种类。例如在瑞士，泥炭沼泽只占国土面积的0.5%，却生活着瑞士25%濒临灭绝的维管束植物。同时，从全球而言，泥炭沼泽只占地球陆地面积的3%，却储藏着地球上三分之一的煤炭资源。这样的生态系统十分独特，对于保持生物多样性具有重要意义。但现在这类环境处于持续减少的趋势，有研究记录，从1997年至2002年地球上泥炭沼泽就减少了10%。Forrenmoos是一处雨水大量沉积的沼泽，靠近瑞士中部的卢塞恩市。沼泽中三个区域计划进行恢复重建，即对地形进行重建以积蓄更多的水，保证沼泽的生态健康。对这种地形的重建工作，最关键的是准确地理解地形、地貌与水文功能，研究者认为5~10 cm精度的地形模型是最理想的。但原有模型精度太低，如果采用传统的人力地面测量，会耗费很多的时间和经费。Pro Natura是一个国际非盈利环境保护组织，2014年Pro Natura联系eBee无人机总部，请求协助进行Forrenmoos的地形测绘，对这处沼泽进行航空拍摄，并在后期将这些航空图像转化为3D数字表面模型（DSM），作为开展此处泥潭沼泽重建项目的基础。

研究者将从eBee获得的3D数字表面模型导入Esri ArcGIS软件，然后通过软件为其中的一个重建区设计了三级阶梯的地形。这种地形是为了大量增加沼泽的积水，是沼泽系统恢复的第一步，有了积水泥炭沼泽才能进

一步焕发生机。研究者借助3D数字表面模型精确地规划出每级阶梯的高度，计算从沼泽的哪处运出泥炭修造新阶梯。此工作是为了保证重建工作前后泥炭总量不变，并且无其他物质混入、无泥炭剩余，此举将环境影响与污染降到最低。根据水文计算，关闭了原有的一个排水系统。

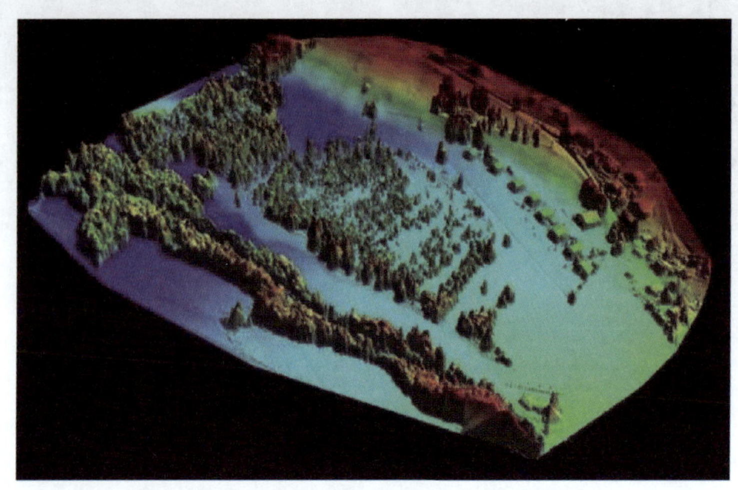

图 7-7 Forrenmoos 沼泽区数字化地形表面模型

在沼泽地形重建工作几月后，研究小组回到 Forrenmoos，发现这个项目已经呈现出规划所希望看到的状态，很明显这处沼泽现在非常潮湿并伴有洪水发生，蜻蜓在那里产卵，大量镖鲈在那里生活。eBee 测绘项目的各项数据见表 7-1。

表 7-1 Forrenmoos 沼泽 eBee 无人机测绘参数

测绘地点	1# 区为立即重建； 2# 区为将来重建	飞行区面积	1# 区：0.23 km^2 2# 区：0.35 km^2
航次	2 次在 1# 区飞行 2 次在 2# 区飞行	外业人员	eBee 项目员工：3 名 Pro Natura 员工：1 名
测绘时间	半天	获取图像总数	1 061 张
正射影像精度	3.4 cm/px	DSM 精度	4.4 cm/px
载具相机	RGB 相机		

4. 无人机记录海岸线变化情况，助力气候预测

美国大自然保护协会 2016 年 1 月，号召科技迷们拍摄厄尔尼诺现象带来的洪水泛滥和海岸侵蚀状况。该想法得到广泛响应，涌现出许多带有地

理标记的图片，展示了各地风暴潮和被淹没海滩的情况，方便科学家们预测全球变暖带来的海平面上升趋势。一些无人机拍摄的最新照片可用于制作高分辨率 3D 地图，这些图片非常有用且可帮助科学家判断沿海洪灾的预测模型是否准确。大自然保护协会还同旧金山创业公司 Drone Deploy 合作，该公司将为无人机用户提供一个免费应用软件，以保证拍摄视频格式的一致性。该应用软件提供自动飞行模式，利用云端技术可处理大量数据。

5. 其他

环澳大利亚公路南部路段，利用无人机建立全三维立体数字地形模型，包含了尽可能多的工程和环境数据。通过定期和不定期的巡查，完善相关数据库，跟踪公路周边包括雨旱季土壤条件、植物覆盖度、动物迁徙等生态因子的变化情况。

利用无人机监测自然环境，可以定性和定量地了解如植被覆盖与生长状况、土地退化、沙漠演变等生态环境的变化情况；监测湖泊或近海由于富营养化等原因形成水华或赤潮所造成的供水、渔业资源损害等危机发展和影响程度，等等。

7.2 辅助野生动物保护和科研

7.2.1 辅助陆生野生动物调查

1. 陆生野生动物种群及其调查方法

野生动物的种群（population），指在一定时间、一定空间内的有机联系的同种生物的所有个体。种群中的个体彼此通过聚集合作、竞争排斥等行为，有机地结合一起，生育年龄段的雌雄个体可以交配、繁殖，将各自的基因传给后代。对种群的研究主要是对空间环境中，个体的数量和变化、年龄结构、性别比以及种群空间格局如分布、活动迁徙规律等的了解和掌握，可以更好地保护野生动物和栖息地。

野生动物种群研究和保护，首先需要发现和计数种群中有关个体的数量。对相对封闭种群计量的方法，常用到有绝对数量调查法和相对数量调查法。

（1）绝对数量调查法

绝对数量调查法是准确计数某一指定地区、特定时段内的野生动物数量的方法，不需要对数据进行推导计算，不要求满足任何前提假设。

其中“航空调查”多用于开阔环境中的野生动物数量调查，如湖面、江河的开阔水面、滩涂等地水禽的数量；大草原、荒漠、高山裸地中的大型兽类的调查。可以直接计数数量，也可以拍摄照片，然后根据地表的标志进行拼接、计数照片上动物的数量。无人机航空调查，比一般的平面航空摄影调查增加了利用航片和遥感软件建立数字化地形模型的功能，可以进一步从三维空间上研究动物分布与周边环境地形、地貌、植被、河流等关系。

（2）相对数量调查法

相对数量调查法是根据生物统计的取样原理、利用某些方法来推算某一指定地区、特定时段内的野生动物数量的调查方法。这种方法则需要选择合适的统计方法，并且要考虑方法需要的前提条件。

以动物活动留下的痕迹为对象的调查方法为间接相对数量调查法。以动物个体为对象的调查方法称直接相对数量调查法，其中“样（路）线调查法”，是在选定的路线上行走（乘车），记录遇到的动物数量、动物与观察者（路线）的垂直距离（可以通过观察角度和距离换算）。调查沿一条线行走，其距离为“样线”调查长度；向两侧观察，目视的距离为调查的宽度，长度和宽度形成一个矩形，为调查的“样带”面积。样带调查面积应大于整个调查区域面积的 10%。准确地计量野生动物种群是非常困难的，如要求观测目标与中线的垂直距离测量准确；观测目标被观察到的概率不受其大小的影响；在观察者测出观察目标距离中线的距离之前，目标（动物或动物群）不会有远离或靠近中线的移动，等等。而在野外条件下，一方面要想做到以上前提并且得到合理的样本量是比较困难的；另一方面，设计和实施这样的调查，工作量也很大。

传统的普查方法还有“标志重捕法”“空间分布样法”等，或借助红外相机等技术进行调查。这些属于间接、局部的调查方法，通常面积小、干扰大、耗时长、成本高，存在看不见、数不全、计数不清的问题，难以准确得到普查结果。

2. 野生动物 UAS 调查方案

某拟建公路穿越自然保护区，为保护野生动物、了解野生动物的种群状况，沿公路拟定了样（路）线调查方案。公路全长 100 km，两侧共调查 10 km（左右各 5 km），总面积约 1 000 km^2。采用沿公路轴线方向设置“鱼骨”状样线进行调查的样线（带）法，设计了常规步行调查和无人机调查，两种方案进行效果和效率的比较。

（1）常规步行调查

各段样线以 2.5 km 的间隔垂直于公路布置，每段样线长 5 km；由于高低不同稀疏分布的风滚草、红柳、梭梭等草灌木使观察不能顺利通视，目视两侧各 400 m 组成样带，单个样带面积 4 km^2。共设置 40 条样带、调查总面积 160 km^2，约占总面积的 16%。按观察、记录、返回的速度 1.5 km/h 计算，完成一条样带的调查需要 6.7 h，考虑住宿和野外调查地点的通勤往返，每天只能做完 1 条样线。全部外业工作需要 2 个月（8 周，40 个工作日）。调查中，野生动物非常敏感，往往在人接近数百米时就已避开，因此调查者是否可以看到野生动物存在随机性；观察到动物时其数量统计准确程度、清晰程度，也难有保证。

（2）采用无人机调查

高空视角摄影覆盖的范围为航线长度 5 km 及两侧各 0.5 km，约 5 km^2 的面积。为保证正射影像图等成果的成功率，一般确定航片纵向 / 横向重叠率分别不小于 80%、70%。设置 32 条样带可覆盖总面积的 16% 区域。1 条样带、1 个架次飞行及后勤保障需要 2 h，加上进出现场和转场的时间，每天可以完成 3 条以上样线的调查，2 周（10 个工作日）即可完成全部调查工作。无人机航空调查不仅节省了时间，而且高空作业不会干扰野生动物的正常活动，野生动物的生存状况更加客观。科研人员回到室内可以研读航片，计量准确，甚至可以分辨黄羊、野驴等野生动物的成体和幼体。相比行走目测，无人机航拍航测可以获得更多的科学信息。

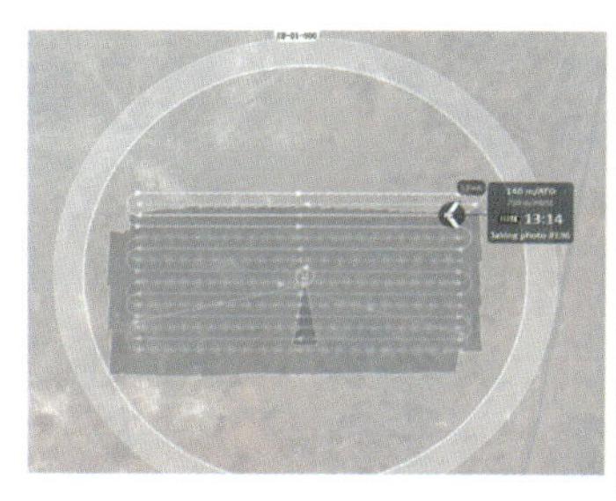

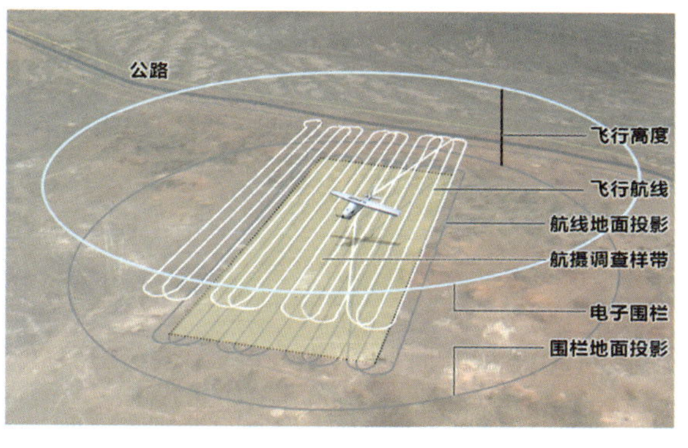

图 7-8　无人机野生动物调查航线规划示意图

方案一，地面分辨率 7 cm，可以辨析 30~35 cm 以上的动物实体。飞控程序自动给出飞行参数，见表 7-2，单次飞行时间 52 min。方案二，设定 5 cm 的分辨率做更细致的调查，在戈壁滩地物相对简单的环境中可以辨析 20~25 cm 以上的动物实体，甚至可以调查到连续足迹和粪便；单次飞行时间 64 min，仅比 7 cm 分辨率的方案一多 10 min。方案三，当需要更快速调查时，可以设置航片重叠率较低的航线，航线上进行等距摄影，软件配合人工拼图成整体航拍影像，单次飞行时间 44 min。实际工作中不建议选用此方案，因为虽然外业时间减少，但后期人工拼图等内业工作复杂，而且成果保证率较低。

表 7-2 无人机野生动物调查技术参数

作业参数	单位	方案一	方案二	方案三
单次作业面积	km^2	5	5	5
航片纵向 / 横向重叠率	%	80、70	80、70	40、40
地面分辨率	cm	7.0	5.0	5.0
相对地面飞行高度	m	329	235	235
单次飞行时间	min	52	64	44
航线间隔	m	114	82	164
单次航线长度	km	57.6	69.4	45.7
单次照片数量	张	1 131	1 911	418
拍照间距	m	51	36	109
成果		正射影像图、三维数字化地形模型		人工拼图

3. 卡拉麦里自然保护区和青海湖鸟岛自然保护区野生动物调查

深圳飞马机器人科技有限公司是野生动物普查相关工作的先行者。飞马 F1000 无人机携带高分辨率正射数码相机，在很短的时间即可完成较大面积的调查，获取野生动物活动区域影像图。在此基础之上，研究人员可在高分辨影像图中甄别出各种野生动物的数量、大小、性别等信息，进一步得到种群数量、年龄比、性别比等各种数据，结合环境地形 3D 数字化模型的建立，可分析野生动物的迁徙通道、时间等活动规律，为野生动物保护和针对性采取保护措施提供科学依据。

2016 年 5 月，工作人员首先对卡拉麦里自然保护区蒙古野驴的生活习性进行分析，从而划定航拍目标区域；在随后 1 个多月里，完成保护区内 1 000 km^2 的高分辨率影像采集，影像分辨率达到 5 cm。针对野驴警惕性高、人员无法靠近观测的难点，无人机将相机带到野驴活动的上空俯瞰观测，更准确、无干扰地获得其种群密度、数量和年龄结构等基础数据，有助于深入开展野生动物种群研究和保护。

2016 年 7 月中国科学院西北高原生物研究所采用飞马 F1000 无人机对青海湖鸟岛国家级自然保护区进行了航拍，无人机飞越候鸟栖息地上空，未对候鸟造成任何惊扰，获取了保护区高分辨率无人机遥感影像，并对鸟类种群分类及数量进行了统计分析。

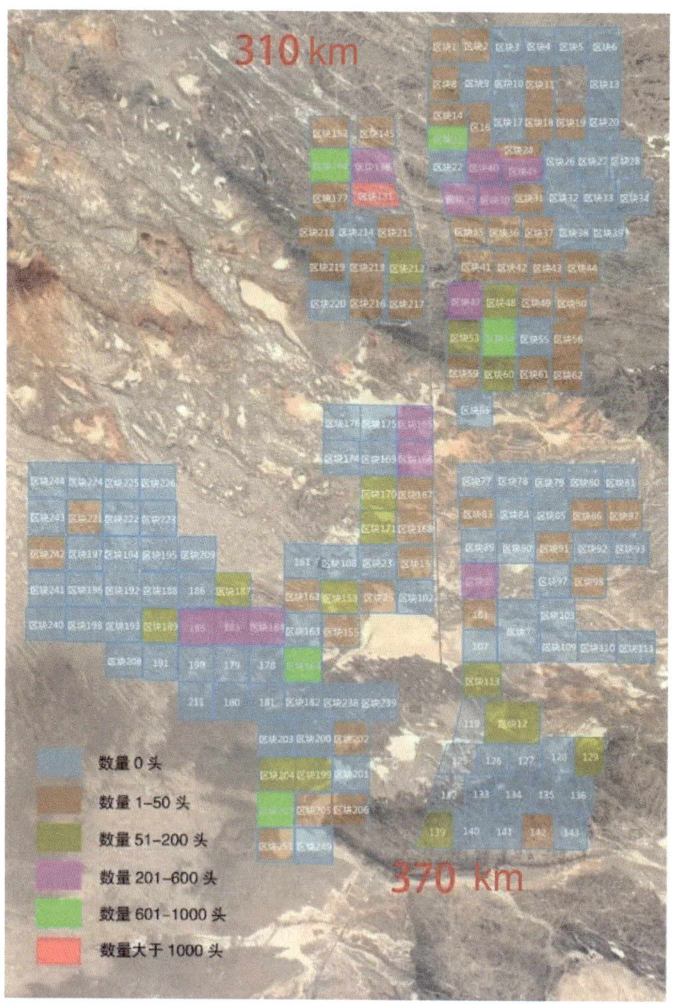

图 7-9 航飞区域及种群数量分布图

图 7-10 大面积地域野驴分布

图 7-11 原始影像

4. 鸟类栖息行为研究

白天鸟类分散活动，夜间某些种类有集群栖息的行为，以共同抵御天敌的袭击。在夜间环境中发现鸟类，对研究其栖息特点具有重要的生态学意义。但相对于漆黑的夜色、敏锐的鸟类应激反应而言，这无疑十分困难。

鸟类是恒温动物，快速、剧烈的飞行活动，进化出与之协同的较高体温，保证了机体旺盛的新陈代谢率。鸟类飞行时体温约为 42℃，停歇时在 40℃左右，而环境尤其是夜间环境的气温、植物、睡眠的温度一般较低。这样，如果可以制作一张环境中的“温度地图”，就可分辨出鸟类的分布和数量。

固定翼无人机高飞 200 m 高空，极轻微的螺旋桨噪声传播到地面，在虫鸣、风声等背景噪声中可以忽略，这样就把对鸟类的影响降到了最低。敏感的红外热成像相机，可以识别 1℃之内的温差，制作出较精确的温度地图。这样的实验，将在我国云南黑颈鹤保护区等地进行科学尝试。

5. 非洲野生动物等生态环境保护

在野生动物资源丰富的非洲，无人机也发挥出巨大的功用，被用来保护生态环境，阻止盗猎野生动物。

（1）反盗猎巡逻和巡查非法放牧

在非洲的马萨伊马拉禁猎区的一个自然保护区，巡逻员每天早晚分别沿着保护区的边界巡逻两次，保护区有 73 km^2，面积很大，靠车辆和步行的巡逻有时候会出现盲点。无人机巡查对反盗猎和阻止非法放牧工作提供有效的帮助，对野保工作的效果显而易见。2016 年 8 月，“野生动物保护在行动”活动在禁猎区正式启动，使用无人机对盗猎和非法放牧行为进行巡逻航拍。

（2）“空中牧羊人”项目

通常护林员在白天作业，夜间巡逻减少，而几乎所有的盗猎活动都发生在晚上。“空中牧羊人”（Air Shepherd）项目使用无人机进行巡逻，日夜工作。工作人员用计算机软件分析数据库中以往盗猎案件发生的位置、时间、地形、天气、交通以及护林员数量和位置，推测需要重点监测的区域，安排飞行计划。一旦发现可疑情况，工作人员就会将疑似盗猎现场的准确位置发送出来，护林员火速出击，抓捕盗猎者。另外，项目专家也利用无人机拍摄的包括动物、天气等在内的所有数据建立数据库，分析野生动物的习性，为野生动物保护提供数据支持。

6. 避免无人机对野生动物的干扰

无人机与飞机、隐蔽照相机一起，成为最受欢迎的野生动物调查工具。虽然表面上很多动物对无人机这些机器观察者的存在并不会介意，但是事实并非如此。美国明尼苏达大学的研究者近日发现，当无人机盘旋在黑熊上方时，哪怕并没有显示任何危险迹象，黑熊的心率也会发生显著变化，有的甚至能达到平常时候的 4 倍，即从 41 次 /min 猛增至 162 次 /min。当无人机飞走后，黑熊的心率逐渐恢复正常。研究人员建议如果使用无人机观察动物种群时，无人机在工作时的噪声需要降得更低，也不要过分深入动物的生活区。即使是现在最先进的无人机所发出的嗡鸣声也足以吓跑动物，无人机最好是进行远距离空中拍摄或者其他不会打扰到动物的方式工作。

7.2.2 辅助海洋野生动物保护与科研

在没有无人机高空视角的时候，对茫茫大洋上的海洋动物种群研究，只能依靠平行的船舶视角，对于种群的规模、年龄、性别结构、迁徙的时间、路线等的了解如同“管中窥豹”。现在依靠无人机系统，研究变得简便而全面，不断搜集到大量具体的数据，打开了越来越多的关于它们种群和迁徙特点的未解之谜。

1. 墨西哥出动无人机保护海龟产卵

2015 年墨西哥环境保护部门出动无人机，保护珍稀动物海龟产卵及其孵化场。每年 8 月是海龟产卵季节，太平洋沿岸的艾斯柯比亚是地球上最大的海龟繁殖地，估计有 1 100 万只海龟在那里筑巢产卵，诞生 3 600 万只小海龟。海龟卵孵化率很低，环境破坏、人类盗采以及动物掠夺，都是卵来不及孵化或是小海龟没有机会长大的原因。当地环保部门共派出两架无人机在瓦哈卡州的海龟孵化地附近全面监控，防止有人偷走龟蛋，保护海龟孵化场。

2. 无人机航拍魟鱼迁徙

魟鱼也叫魔鬼鱼，一般生活在水深浅于 100 m 的海域，如翅膀形状的胸鳍以波浪状的摆动方式游动，就如同在水中飞翔一样。几乎所有魟鱼均栖于温暖的海域，每年秋季魟鱼向南方迁移，这时候它们会成千上万地聚集在一起。

图 7–12 海龟在海滩产卵孵化

2015 年 11 月，美国佛罗里达州马可岛居民迈克·史密斯用他的无人机抓拍到大量牛鼻魟进入佛罗里达海峡的镜头。

图 7–13 牛鼻魟洄游

在墨西哥的下加利福尼亚州，数千条魔鬼鱼聚集在一起，并陆陆续续飞出海面。通过无人机对它们的拍摄、观察，人们希望理解这种聚集和活动更多的生态学意义。

3. 无人机航拍加拿大白鲸迁徙

白鲸是国际自然保护联盟（International Union for Conservation of Nature，IUCN）列入红皮书的濒危物种。幼鲸出生时体色呈深蓝或黑灰色，4~5 岁时褪成白色或乳白色，幼鲸会生活在鲸妈妈身边很久。成年白鲸体长可达 5 m，通体雪白，喜欢群居，以鳕鱼、鱿鱼和比目鱼为食，寿命为 25~30 岁。

白鲸生活在北冰洋及其附近海域，海面结冰的时候往南迁徙，冰层融化后再返回。每年会有多达 2 000 头白鲸成群汇集在加拿大努纳武特的坎宁汉湾。纳登 • 韦伯是 Arctic Watch 白鲸观测点的摄影师，2015 年夏季他利用无人机拍摄到成百上千头白鲸聚集，场面相当壮观。

图 7–14　无人机拍摄的白鲸迁徙

4. 无人机航拍濒危鲸群生存状况及采集鲸鱼呼气样本

美国生物学家使用无人机追踪监测野生生物，利用无人机统计南极的海豹、企鹅和阿拉斯加阿留申群岛的北海狮数量，追踪鲸鱼每年的体重和体长增长情况、繁殖状况和鲸体状况的改变，并采集新英格兰驼背鲸的呼气样本。科学家曾利用直升机拍摄虎鲸的照片，但缺点是飞行成本过于昂贵且高度过高。

2015 年 10 月美国生物学家利用无人机拍摄到普吉特海湾大量逆戟鲸的影像，显示当年逆戟鲸的生长状况良好，还有一些有怀孕迹象。无人机在华盛顿圣胡安群岛附近拍摄到一个 81 头的逆戟鲸群的照片。美国国家海洋和大气管理局（NOAA）和加拿大不列颠哥伦比亚省的温哥华水族馆研究人员，利用这些图像来衡量追踪某一段时间内个体鲸鱼的生长健康状况。美国加利福尼亚州拉霍亚西南渔业科学中心的海洋哺乳动物生物学家 John Durban 说，鲸群整体状态不错，甚至迎来了生育高峰期，因为一些鲸鱼已有怀孕迹象。

无人机在海上除了拍摄鲸鱼和海豚迁徙的宏大场面以及掠出水面的姿态之外，还能接近鲸鱼，采集它们的呼气样本来进行细致的研究。这项研究由美国伍兹霍尔海洋研究所与 NOAA 的科学家一起完成，无人机在距海面约 38 m 高处拍摄 36 只鲸鱼的全景，然后下降至距水面约 3 m 处，从鲸鱼喷出的水雾中穿过，从 16 只鲸鱼中获取 20 个呼气样本。通过鲸鱼的呼气样本，可以研究鲸鱼的 DNA、体内激素和细菌水平，从而进一步分析出它们的家族关系和健康状况；还可以分析鲸呼吸道的微生物，以判断常见疾病的来源。该科研团队还计划探索南极半岛附近海域的鲸鱼，相比于斯特勒威根海岸，那里的海水更加纯净，没有船舶带来的污染。南极半岛鲸的呼气样本将会和斯特勒威根的样本作比较，更清楚地研究鲸健康状况和居住海域环境质量之间的关系。

图 7-15 无人机采集鲸鱼呼气样本

5. 无人机抓拍白化南露脊鲸

南露脊鲸是一种长须鲸，皮肤通常为深灰色或深黑，腹部散布着不规则的斑点。每年出生的南露脊鲸中大约有 2% 是白化鲸。白化的动物非常罕见，因为白化的皮肤会让动物的天敌更容易发现它们，同时这样的皮肤也会让它们被亲族排斥。南露脊鲸每年都会离开南极的猎食地，去往气候更温暖的南非，在那里交配、繁殖。南露脊鲸重约 60 t，它们喜欢沿海岸巡游，有时甚至出现在距陆地仅数米的地方。到了冬季和初春时，南非开普敦的海岸便可看到鲸鱼聚集的盛景。

赫曼努斯（Hermanus）位于开普敦南海岸，是陆上观鲸的最佳地点。2015 年 10 月，南非开普敦的安东 • 舒特（Anton Schutte）在小镇赫曼努斯，通过无人机在离海岸的距离约 700 m 的海上，航拍到了一只罕见的白化鲸幼崽和它深灰色的妈妈嬉戏徜徉的画面。无人机的偶然航拍，为科学家们了解南露脊鲸的栖息地、分布、活动规律等也提供了直接的依据。

6. 海鸟栖息迁徙研究

2015 年，澳大利亚墨尔本莫纳什大学 Jarrod Hodgson 和他的同事们使用无人机进行了极地和热带鸟类的研究。《自然》刊登出该论文，支持使用无人机观察偏远地带的鸟类和其他动物的活动。

图 7-16 航拍南露脊鲸

在澳大利亚西北、印度洋上的阿什莫尔（Ashmore）岛人迹罕至，如果常规登岛近距离地接近鸟群，鸟群会受到惊扰，研究人员难以获得正常的观察结果。无人机高高在上的飞行高度，则不会对鸟群造成惊扰，无人机拍摄到正在栖息的军舰鸟和凤头燕鸥的高清影像。另外，在对南极洲附近麦夸里岛的帝企鹅栖息地的研究中，研究人员清点了每张图片上的企鹅数量，再与用传统方法在地面拍摄的三处栖息地的海鸟数量进行对比，最后发现无人机拍摄的海鸟数量一致地相似且偏大，而且数据波动较小。

使用无人机观察偏远地带的鸟类和其他动物的活动，使研究者有可能更高效、更全面地了解栖息地及其周边山水林田等环境状况；可以进行鸟类种群的定量分析、鸟群聚集时内部的分布规律研究，得出种群生态学和生态系统生态学的诸多结论。

8 无人机系统遥感测量概述

8.1 无人机遥感概述

8.1.1 无人机遥感的概念和技术

遥感（Remote Sensing，RS）是使用空间运载工具和现代化的电子、光学仪器，非接触地从远距离获取目标对象的特性，通过对该信息的传输、储存、分析、修正、识别目标物体，最终实现定时、定位、定性、定量等功能的技术。遥感是以航空摄影技术为基础，在20世纪60年代初发展起来的。

无人机遥感测量技术，是以中低速无人机为空中平台，搭载数字普通光学相机、红外相机和其他遥感传感器等载具，借助地面像控点、空间GPS信息等辅助手段，拍摄空间影像数据；用计算机专业软件，完成图像信息处理、数字化建模和应用分析等目的，按照一定精度要求制作成图像或各种格式的电子版文件，是集成了遥感、遥控、遥测技术与计算机技术的新型应用技术。

无人机摄影测量技术，包括正射摄影测量和倾斜摄影测量两个主要技术。无人机传统的摄影测量称为正射摄影测量技术，是低空无人机搭载相机，镜头垂直对地摄影获取数字化影像，进一步将照片经软件后期处理，形成数字化平面和三维的地形地貌成果。无人机倾斜摄影测量技术，通过无人机携带多位镜头摄影机，除了镜头垂直对地摄影外，还设置将相机倾斜45°，对物体的前、后、左、右进行拍摄，获取各个侧面、不同层次和角度的高清晰数字影像，更有利于立体三维建模时表现侧面的纹理、性质，进一步利用软件生成数字化平面和三维地理信息模型。

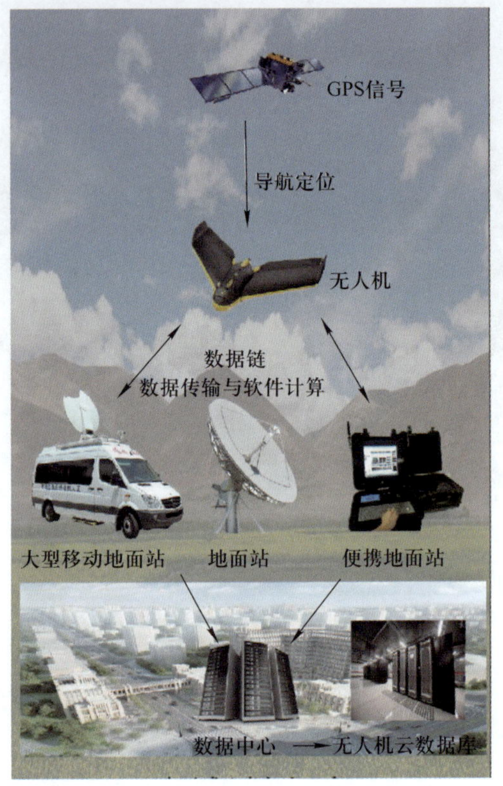

图 8-1 无人机遥感和数据应用过程

相比于传统的正射摄影测量技术，无人机倾斜摄影测量具有以下优势及功能：

① 可采集建筑物、山体等侧面纹理。利用航空摄影大规模成图的特点，通过从倾斜影像批量提取并采用贴纹理的方式，能够更好地表现环境，并有效地降低城市三维建模成本。

② 更真实地反映环境情况。倾斜影像能让用户从多个角度观察地物，更加真实地反映地物的实际情况，极大地弥补了基于正射影像应用的不足。

③ 倾斜影像可实现单张影像量测。通过配套软件的应用，可直接基于成果影像进行包括高度、长度、面积、角度、坡度等的量测，扩展了倾斜摄影技术在行业中的应用。

④ 数据量小，易于网络发布。相对于三维GIS技术应用庞大的三维数据，应用倾斜摄影技术获取的影像数据量要小得多，其影像的数据格式可快速进行网络发布，实现共享应用。

图 8-2 天途倾斜摄影相机

8.1.2 无人机遥感的设备

根据不同类型的遥感任务，无人机搭载相应的遥感设备，如高分辨率CCD数字相机、轻型光学相机、多光谱成像仪、红外扫描仪、激光扫描仪、磁测仪、合成孔径雷达等。遥感传感器应具备数字化、体积小、重量轻、精度高、存储量大、性能优异等特点。

遥感测绘小微型民用无人机主要以固定翼、多旋翼机型为主，并有复合翼无人机等选型。

表 8-1 遥感测绘小微型民用无人机选型对比

	固定翼无人机	多旋翼无人机
优点	滑行中抖动少、姿态更稳定； 速度快、续航时间长、工作效率高	有四、六、八旋翼等机型，可悬停、易操作； 可根据测区情况在不同高度飞行，获取的影像分辨率可达 1 cm 或更高； 现阶段以八轴无人机为主流机型，该机型支持断桨保护，即在失去一个机臂时正常飞行，在失去不相邻的两个机臂时仍然可以安全回收； 在飞控的选择上做为航测用途的多选择双控制器，保证在市区作业的安全
缺点	航速较快时，配合相机曝光的时间短暂； 受安全航高、载重等限制，通常能够获取的影像地面分辨率在 8 cm 以上，精度相对较低	续航时间有限； 一般携带倾斜摄影相机质量在 2~5 kg，续航约 30 min

8.2 无人机系统测绘在环保水保中的应用

8.2.1 无人机系统测绘应用领域

随着我国经济建设迅猛发展，各地区的地貌发生巨大变迁，现有的航空遥感技术手段已无法适应经济发展的需要。以无人驾驶飞机为空中遥感平台的技术，能够较好地满足对航空遥感业务的需求，相比传统地面测量具有简便、高效、经济、准确等优势。无人机遥感技术可快速对地质环境信息和过时的 GIS 数据库进行更新、修正和升级。无人机遥感测绘和衍生应用包括：国土测量、土地建筑物确权、景观规划、水土保持（流域规划、土石方量测量等）、农牧业（坡地改梯田规划、作物估产、病虫害调查、土壤墒情调查等）、环境保护监测（油膜、水华、污染源调查和污染物排放等）、灾害应急、文物考古、资源利用情况的综合信息，等等。相关内容请参照有关环保水保等应用案例分析。

8.2.2 无人机遥感技术优势和限制概述

与传统测绘手段、卫星遥感方法相比，无人机遥感技术的优势主要包括：

① 在大面积的作业区、高低起伏的外表面、形状不规则的堆场、恶劣的自然条件中，无人机可以从俯视的角度，采集每一处凹凸地形的细节影像。

② 时效性、选择性强。针对关心地区的测绘，条件容许的情况下可以在任意时间进行作业，采集即时影像。

③ 快速飞行摄影、快速计算机解析，大幅度提高测绘的作业效率。

④ 飞行、人工和维护等各项成本相对较低；协调了传统测绘的内、外业工作，把原本大量艰苦的外业工作转化为内业工作。

⑤ 高空照片整体性强、分辨率高，能够更直观地反映地形地貌；通过对监测地区不同时期的遥感照片、遥感影像等对比，能直观地反映各种环水保措施的效果。

⑥ 在拾取环境影像信息的同时，通过先进的 GPS 空间定位技术，将图片和数字化模型精确地嵌入地理信息，使地理信息的数据更加完整。

⑦ 软件支持能力强大，实现测绘、统计等其他功能，可以大大减轻人工测量的工作量，并便于延伸应用。利用数字化的图像和视频的初步成果，通过软件生成数字高程模型和表面模型以后，不仅可以通过 GIS 等软件轻松地掌握监测区域的土地利用类型、流域特征值、地形、地貌和水系的变化情况等，而且还能计算出不同侵蚀类型的面积、水土保持措施数量及植

被覆盖度，建设项目占用地面积、扰动地表面积，项目挖方、填方数量及面积，弃土、弃石、弃渣量及堆放面积等，结合后期软件，直接输出矢量图，便于进一步规划设计。

⑧ 生成的测绘成果，不仅有高程、经纬度坐标等基本信息，更具有全真的图像信息。

无人机遥感技术也有限制性：

① 最终成果为数字地表面模型，包含了植被等地物，并非裸露的原土石地面。除非更复杂的计算程序，否则不适合植被密集的地区。

② 尽管有像控点等辅助手段，无人机的测量精度和准确度一般仍不及人工地面测绘。

③ 软件运行需要严格保密的环境，连网运行容易泄密。

8.2.3 无人机与其他测绘技术的比较

相比几种传统的遥感方法，无人机遥感具体有以下的优势。

1. 无人机与卫星遥感

无人机作业灵活，可飞的天气条件多，可云下飞行，小面积也可以操作。

无人机成像分辨率高，可达到 0.04 m 甚至更细致的分辨率。地面分辨率为 4 cm 的数字航片能分辨地面约 20 cm^2 物体的外形；航片分辨率 0.2 m 时，能分辨地面约 1 m^2 物体的外形；如果只需要反映较大地物及周边环境，如梯田、房屋、道路、大树等，而不需要识别更细微地物的话，4 cm 的数字航片可以制作较大比例尺的地形图，满足环保、水利、国土等规划甚至设计的需要；而一般卫星监测比例尺都较大，很难针对具体的建设项目或小尺度的规划。

无人机遥感可生成三维数字模型，而卫星遥感一般为二维平面影像。

2. 无人机与传统有人飞机

无人机使用方便。有人机飞行高度在 3 000~4 000 m，对空中管制和气象条件要求非常苛刻；有人机要专用的跑道和转场，无人机则无须跑道，使用起来非常便利；无人机重量、体积优势更大。

无人机飞行审批手续相对简单。

无人机操作方便，安全可靠。自动航线规划自主飞行，无须专业飞机驾驶员。

3. 无人机与传统人工测绘

无人机遥感监测相对于传统人工测绘的平面视角而言，其较高空间视角无疑更加完整全面。

无人机机动灵活，无人机航空摄影的作业现场可以是人无法到达的危险地方。

无人机高能高效，一般几十个人工日的外业工作，无人机仅需要一个工作日，在高原峻岭等人迹罕至的环境，其效率显得更加出色。

无人机一次性调查的覆盖面积大，不需要拼合图片，避免人工操作过程中产生的错误。

8.3 摄影测量的基础知识

8.3.1 数字摄影测量的原理

数字摄影测量（Digital Photogrammetry）是基于数字影像和摄影测量的基本原理，应用计算机技术、数字影像处理、影像匹配、模式识别等多学科的理论与方法来研究和确定所摄对象，并以数字方式表达其形状、大小、位置、性质及其相互关系，提供各种摄影测量产品的摄影测量学的分支学科。数字摄影测量与模拟、解析摄影测量的最大区别在于，它处理的原始资料是数字影像或数字化影像，它最终是以计算机视觉代替人的立体观测，因而它所使用的仪器最终将只是通用计算机及其相应外部设备，其产品是数字形式的。

航空像片的立体观察原理。照相机从相距一定距离的两点对同一目标进行摄影，会产生的重叠图像，称立体像对，成为立体像对的必要条件是像片的重叠度大于 53%。将成为像对的两张影像并排排列，如果左眼看左边的图像，右眼看右边的图像，就可以产生目标地物的立体视觉效果，称为立体观察。立体像对是从不同角度摄制的同一物体的一对影像，因此存在影像左右视差。当双眼分别观察这一对像对时，存在左右视差的像片会反映到眼睛的视网膜上，构成生理视差，由此便产生了与观察实物时一样的立体视觉效果，这就是利用航片像对进行立体相对观察的基本原理。计算机软件首先具有影像自动识别和快速拼接功能，实现影像质量、飞行质量的快速检查和数据的快速处理；软件进一步利用立体像对的原理，将数字照相机拍摄到的物体辨认为空间上无数点的组合，通过计算机算法，将这些点在空间定位，进一步加密、填充，建立起数字化的地理信息数据库。

遥感摄影测量的主要处理过程包括空中三角测量、内定向、相对定向、绝对定向、数字地面模型生成（数字地形模型产生）、正射影像生成、等高线测绘、地物测绘等。遥感摄影测量的产品包括各种比例尺的地形图、专题图、特种地图、正射影像地图、景观图，建立的各种数据库，提供地理信息系统和土地信息系统所需要的基础数据。

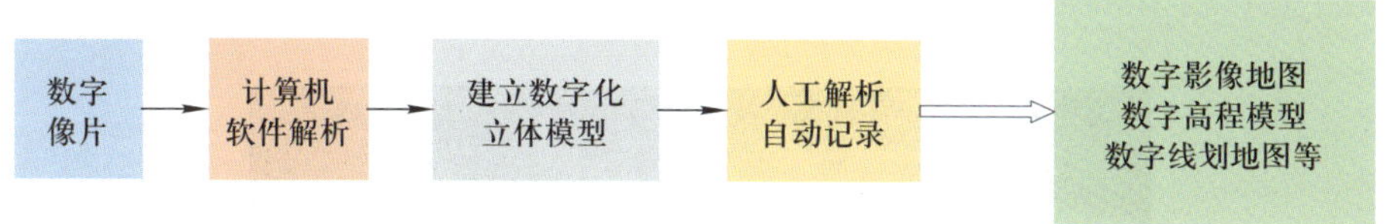

图 8-3 摄影测量计算机解析过程

8.3.2 数字摄影测量的若干概念

1. 数字化

在无人机航测的一系列名词中，数字化（矢量化，Digital）是基础性的形容词，表示数字化、矢量的，形容那些电子版的数据、文件等，如 DOM、DTM、DEM 等。

2. 数字正射影像图

数字正射影像图（Digital Orthophoto Map，DOM）是经过对像元纠正、影像镶嵌等一系列处理后裁剪形成的影像平面图，带有坐标格网和图廓整饰，其上可叠加线画要素、文字注记等。它是同时具有地图几何精度和影像特征的图像。较传统的地图而言，DOM 具有信息量丰富、直观易读、生产周期短、现势性好等特点。

图 8-4 DOM 示意图

3. 数字地形模型

数字地形模型（Digital Terrain Model，DTM）是在一个区域内，以密集的地形模型点的数字化坐标 X、Y、Z 表达地面形态。地形可以用高程来描述，也可以用坡度、坡向等信息来描述。数字地形模型包括数字高程模型、数字坡度模型和数字坡向模型等。

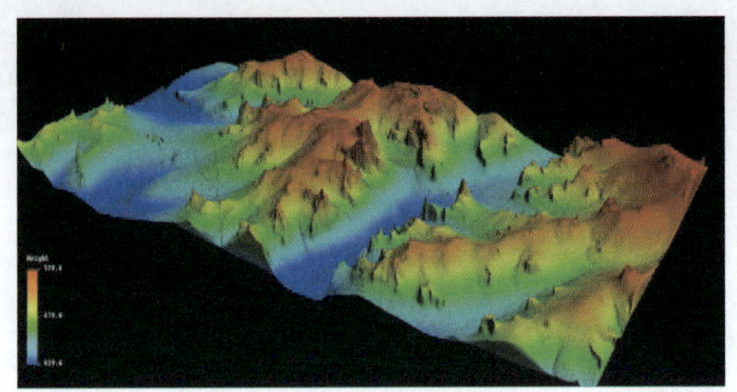

图 8–5　DTM 示意图

4. 数字高程模型

数字高程模型（Digital Elevation Model，DEM）是以一组有序数值阵列形式表示地面高程起伏形态的一种实体地面模型，是数字地形模型的一个分支。DEM 必须是高程信息，是地表的模拟。可制作透视图、断面图，进行工程土石方计算、表面覆盖面积统计，用于与高程有关的地貌形态分析、通视条件分析、洪水淹没区分析等。

图 8–6　DEM 示意图

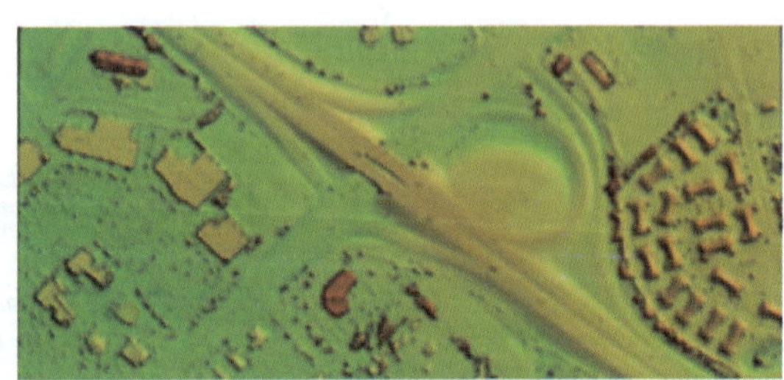

图 8–7　DSM 示意图

5. 数字表面模型

数字表面模型（Digital Surface Model，DSM）是地物表面的数字化模拟，包括植被表面、房屋的表面，对 DSM 进行加工，去掉房屋、植被等信息可以形成 DEM。

6. 数字线划地图

数字线划地图（Digital Line Graphic，DLG）是与现有线划基本一致的各地图要素的矢量数据集，且保存各要素间的空间关系和相关的属性信息。

在数字测量图中，最为常见的产品就是数字线划图，外业测绘最终成果一般就是DLG。该产品较全面地描述地表现象，目视效果与同比例尺一致，但色彩更为丰富。DLG 能满足各种空间分析要求，可随机进行数据选取和显示，与其他信息叠加，可进行空间分析、决策，其中部分地形核心要素可作为数字正射影像地形图中的线划地形要素。

数字线划地图 DLG 是可以方便地放大、漫游、查询、检查、量测、叠加的电子版地图。相比正射影像图，其数据量小，便于分层，能快速地生成专题地图，所以也称作矢量专题信息（Digital Thematic Information，DTI）。DLG 的技术特征为：地图地理内容、分幅、投影、精度、坐标系统与同比例尺地形图一致，图形输出为矢量格式，任意缩放均不变形。

原始资料主要采用外业数据采集、航片、高分辨率卫片、地形图等。

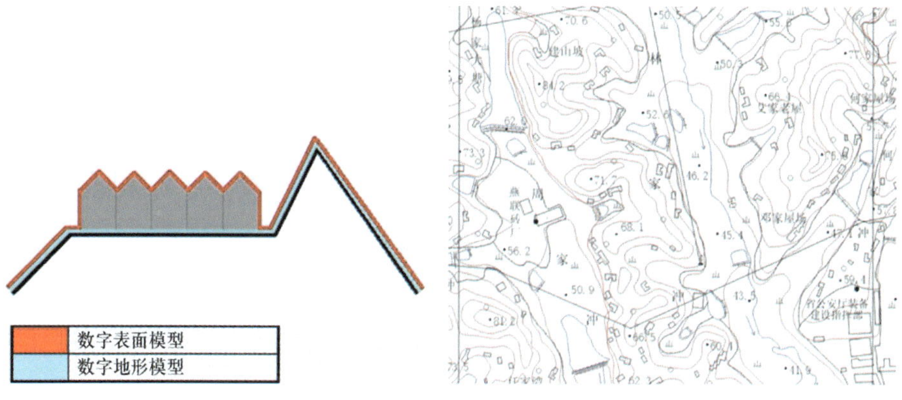

图 8-8 DSM、DTM 差异示意图　　图 8-9 DLG 示意图

7. 像控点

像片控制点（Photo Control Point）是摄影测量中在实地布设并进行测定的控制点，包括具有平面坐标的像片平面控制点、具高程的像片高程控制点和同时具有平面坐标与高程的像片平高控制点。像控点是实现摄影测量精确定位的必须要素。

像控点是在工作中要反复查看地面目标和对照影像，选择野外的实地位置和像片的影像位置都可以明确辨认的点。

8.3.3 数字像片像素和成像面积

数字相机成像在电荷耦合元件 CCD 上，或是在互补性氧化金属半导体 CMOS，这是两种常见的图像传感器。CCD 和 CMOS 都是半导体器件，是受光元件（像素）的集合体，接收透过镜头的光并将其转换为电信号。数字照片的画面分辨率由像素感光能力和图像传感器面积所决定，每个单位像素越大、图像传感器包含的像素数越多，最终照片的画面分辨率也就越高。

图像传感器上的微小光敏物质称作像素（Pixel），这些小方点连续组成了数字像片上的色斑、最终拼合成完整的图像。感光器件上每一个像素捕捉光线的能力对最终的图像效果有很大影响。每个单位像素上可以收集一定多的光线，每个单位像素越大，其收集光线的能力也就越大。以 CCD 传感器为例，其面积越大，则可布设的像素就越多。CCD 的规格大小是以 CCD 对角线的长度来表示的，单位是英寸（in 或 '）。对于具备同一像素的数字相机来讲，选择更大的 CCD 尺寸，拍摄效果会更好。这一点全画幅相机更有优势，如莱卡 M-E 相机传感器 CCD 尺寸为全画幅 23.9 mm × 35.8 mm，有效像素 5 212 × 3 472，约 1 800 万像素。

8.3.4 分辨率

分辨率是单位面积上像素或点的数量。感光器件 CCD 和 CMOS 的分辨率，可以理解为感光器件单位面积上感光单元的数量。数字相机输出照片最大分辨率，是指影像分辨率，单位是 ppi（每英寸上的像素数量，pixel per inch）。打印分辨率，每英寸上的小墨点数量，单位是 dpi（dot per inch），如 Photoshop 中图像的分辨率是指打印分辨率。这三个概念互有联系但又不尽相同。

8.3.5 航片分辨率和地面分辨率的关系

数字相机的航拍影像由像素点组成，像素点越丰富，照片辨认的细节的尺寸越细微。照片上像素点的密度以每毫米的线条数量来表示，线越多、影像质量越高。例如航拍相机为全画幅相机，感光 CCD 尺寸为 36 × 24 mm^2，像素为 5 616 × 3 744/mm^2，即纵横各 5 616 条和 3 744 条，也就是 36 × 24 mm^2 内排列 2 102.63 万个像素点，其相邻两像素点间的距离只有 6.41 μm（36 mm 宽 /5 616 个点 =6.41 μm/ 每个点宽度；24 mm 宽 /3 744 个点 =6.41 μm / 每个点宽度）。这样微小的间隔，是为放大后判读、制图用的，远远超过了人类肉眼的分辨率。人类肉眼的明视距离 25 cm，公认的正常分辨率为 0.06~0.12 mm，平均分辨率为 0.09 mm，也就是说，如果小于 90 μm 的物体，肉眼就很难分辨。

照片上 6.41 μm 的长度称为照片分辨率，相当于地面长度（地面分辨率）多少呢？这与照相机的焦距和无人机的飞行高度有关，因为飞得越高，看得面积越大、内容越多，难免每个点的信息就越少。上述航拍相机镜头

焦距 h=35 mm=35×10^{-3} m，飞行高度 200 m，像素 l=6.41 μm=6.41×10^{-6} m，那么，根据简单的几何学关系，

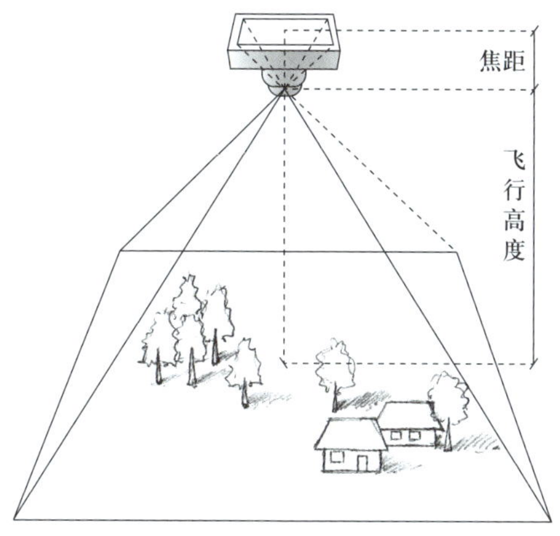

图 8-10 数字照相机焦距和分辨率关系示意图

地面分辨率 L / 照片分辨率 l = 飞行高度 H / 镜头焦距 /h

即：$L / 6.41\times10^{-6}\ \text{m} = 200\ \text{m} / 35\times10^{-3}\ \text{m}$

则：

$$L=200\times6.41\times10^{-6}/35\times10^{-3}=36.63\times10^{-3}\ \text{m}\approx3.7\ \text{cm}。$$

地面分辨率是能够在照片上区分两个目标的最小间距。1 个目标如果在照片上只是 1 个像素点，那么不管把照片放大多少倍，依然只是 1 个像素点，不能看出来这个目标的内容。如人的肩宽约 0.5 m，在地面分辨率为 0.3 m 的图片上占 1~2 个像素点，尽管可以从照片上发现有目标，但这个目标是人或者是物，靠一两个像素点是确定不了的。所以，分辨率并不代表能从照片上识别地面物体的最小尺寸，而要从照片上认出一个目标就需要有若干个像素点在照片上来构成该目标的轮廓。

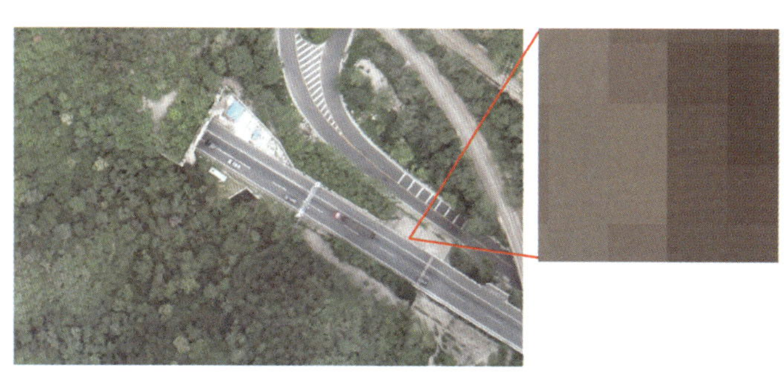

图 8-11 数字像片像素示意图

8.3.6 航片分辨率和地形图比例尺的关系

测绘部门对DLG数据都是通过比例尺来区分数据的精度。通常把1∶500、1∶1 000、1∶2 000和1∶5 000比例尺称为大比例尺，而1∶10 000、1∶25 000、1∶50 000、1∶100 000称为中比例尺；1∶200 000、1∶500 000、1∶1 000 000称作为小比例尺。在工程建设中常要用到是大比例尺地形图，在城市、乡镇建设的规划中一般使用中比例尺的地形图，在较大范围内的宏观评估和研究采用小比例尺的地形图。

数字影像制作DLM的工作中，其中最主要的一个环节就是目视解译或者人机交互解译，这往往需要依靠解译经验（人工知识），以影像的合适分辨率为基础来完成一定比例尺的成品图。考虑到影像图都是通过分辨率来描述精度的，那么究竟分辨率和比例尺有怎样的关系呢？或者影像图和矢量地图进行配套使用的时候，如何来配套分辨率和比例尺呢？

将数字影像上的若干个点集合成大一些的单元，就可以判读其内部的基本内容。通常，从照片上能够识别目标的最小尺寸应等于地面分辨率的4~5倍以上。例如地面分辨率为10 cm的点，周边相邻纵横各5倍即有25个点，大致可分辨出这个约50 cm^2的物体。如需反映更细微的地物，如直径20 cm的树木，则需要地面分辨率为4 cm的航片做基础。反之如果航片分辨率较低，则难以分辨更小的物体。

一般可以认为航片分辨率越高，就越可以做成大比例尺的地形图。乡间田埂小路的宽度约为50 cm（500 mm）。当用纸质地形图上最细的线画出这条小路、宽度是2.5 mm时，图的平面比例尺就是1∶200；当地图上以5 mm宽代表50 cm宽小路时，图中比例尺为1∶100。可见地形图的比例尺与数字照片的分辨率没有直接的数学关系。地形图比例尺的确定是由使用者根据周围环境内容、分辨率和制图用途综合确定。如果只需要反映较大地物及周边环境，如梯田、房屋、道路等，而不需要标示更细微地物的话，地面分辨率为4 cm的数字影像可以制作任意大比例尺的地形图。反之，航片分辨率较低，如只有20 cm，那么只能分辨地面约1 m^2的物体，而难以分辨更小物体，这样的航片只能表达大的地形地物，制作1∶1 000或更粗略比例尺的地形图。

8.4 无人机遥感测量的工作程序和内容

无人机遥感作业包括内业设计飞行任务、外业飞行作业、采集数据进行软件分析等步骤。

8.4.1 内业设计飞行任务

1. 识别作业区

用谷歌卫星地图、微软卫图、诺基亚卫图等，确定作业区的边界。一般适当扩大 5%~15%，提高成品的保证率。

2. 初步规划作业航线

（1）规划参数

平立面规划是计算机软件自动生成的。生成的依据一方面是无人机本身设备参数，包括相机焦距、速度等；另一方面是环境参数，包括地形地貌、地面分辨率要求、风速、照片重叠率等，这些参数设置确定之后，计算机软件自动生成航线的平立面。

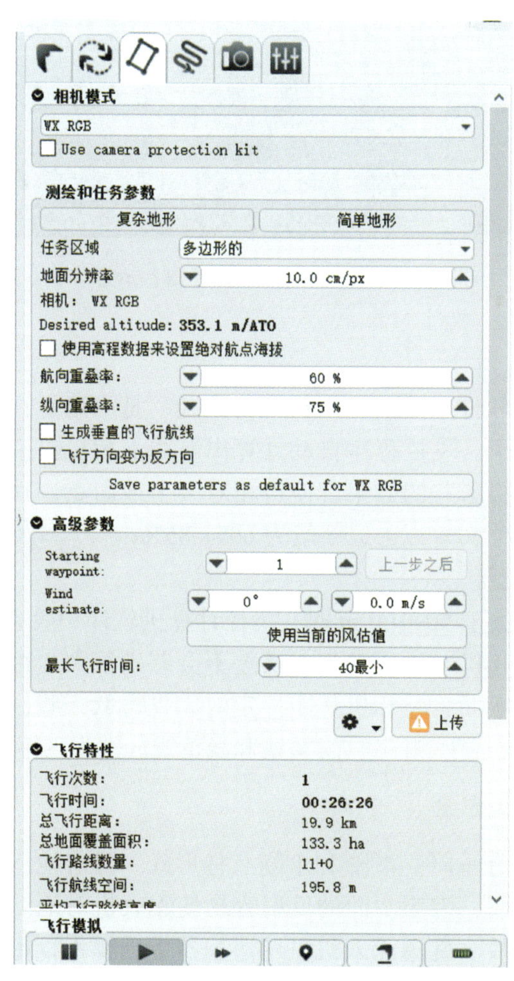

图 8-12 飞行航线参数选择

规划软件多数提供了“电子围栏”选择，即测区周边一定半径的圆形边界，触及围栏边界时，无人机折回，避免丢失。视环境情况，围栏适当扩大到作业区外的 50~100 m 左右。在这个界面，可以设置地面分辨率、照片的重叠率、使用高程数据来设置绝对航点海拔（加载谷歌地图的数据、自动调整飞行高度、做到等高拍摄的效果）、飞行次数和飞行时间等参数。

如图 8–13 所示，深黄线为测区边界，浅黄线为规划飞行航线，外圈宽黄线为电子围栏。

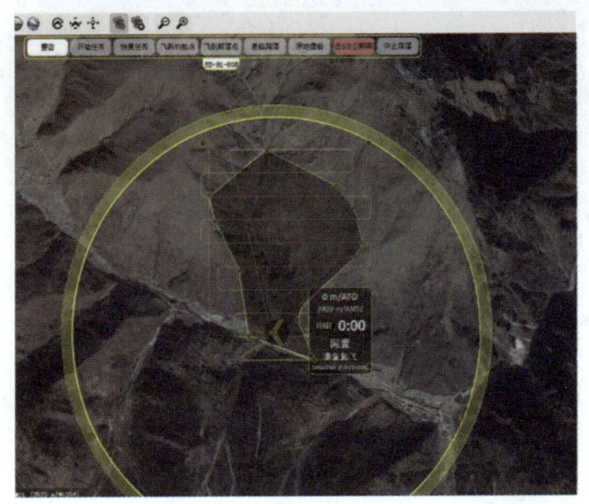

图 8–13 飞行航线和电子围栏示意图

（2）平面规划

平面规划是软件生成的无人机飞行路径，是一组平行的折返线。根据高度、风速等因子，飞控程序自动计算出航线上相机拍摄的时刻，保证一定间距的“等距摄影”的效果，使得相对一个地面点，其前后左右若干照片的重叠率应达到 60% 以上，一般为 60%~85%；

（3）立面规划

坡地上高差大于 50~100 m 时，飞控计算机软件一般会自动进行飞行高度规划，使摄影相机对地面的相对高差不会差别很大，否则会使分辨率产生较大不同。一般而言，相机焦距一定时，飞得低一些，清晰度会较高。如图 8–14 所示，红线为测区边界，黄线和浅黄线分别为飞行航线和地面投影。

3. 无人机降落方案

无人机降落有垂降、滑降和伞降三种形式。降落地点应选择在空旷的场所，并避开水面，因为水面的反射容易使无人机对地红外的高程测距产生误读而出现事故。旋翼无人机可用遥控器手动操作，主动避开障碍物，起降地点受限最小；固定翼无人机采用伞降方式时，一般需要在预设降落点半径 20 m 内有宽阔的净空；相对而言，采用滑降方式的固定翼无人机对空间要求最高。以 eBee 无人机为例，如图 8-17 所示，在逐渐降落的 200 m 空域内，不应有高大的障碍物。

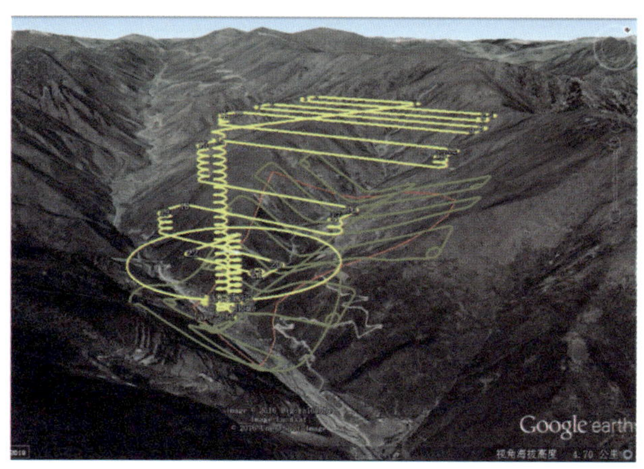

图 8-14 规划飞行区平面和立面航线

图 8-15 好易飞 V-EZ 无人机伞降

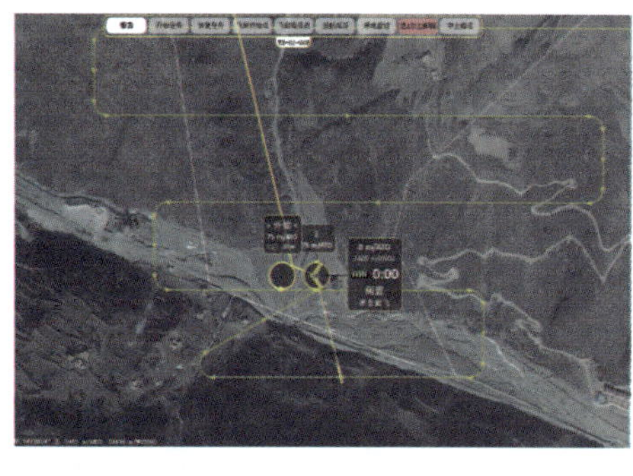
图 8-16 规划降落点示意图

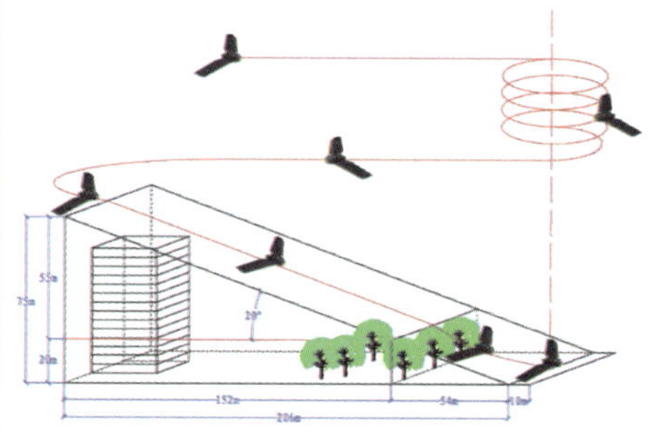

图 8-17 无人机 eBee 降落航线示意图

8.4.2 飞行外业作业

飞行外业包括实地优化飞行航线、飞行作业、现场导入基础数据等。无人机摄影测量小组一般配备1~2位无人机驾驶员等技术人员，1~2位辅助人员。

1. 出发前准备

提前整理好无人机全部设备，辅助测量全部设备，准备必要的水、食品、墨镜、风衣等日用品等。

无人机航拍很大程度上受到气象条件的影响。要掌握近期特别是当日天气情况，现场作业应避开降雨或大风，避免因场地积水或积雪覆盖影响测量精度。

起飞点通常事先进行考察，要求现场比较平坦，避开电线、高树、楼房等。

如果一天中安排多地点时，应提前估算好航拍架次，计划好项目顺序。

2. 现场了解气象因素

到达现场后，测定风向、风速，阵风会影响飞行稳定性；云层会降低照片清晰度；高空气温低将大大减少锂电池的工作时长，还影响无人机其他零部件的工作状态，这些气象要素都应该予以考虑。

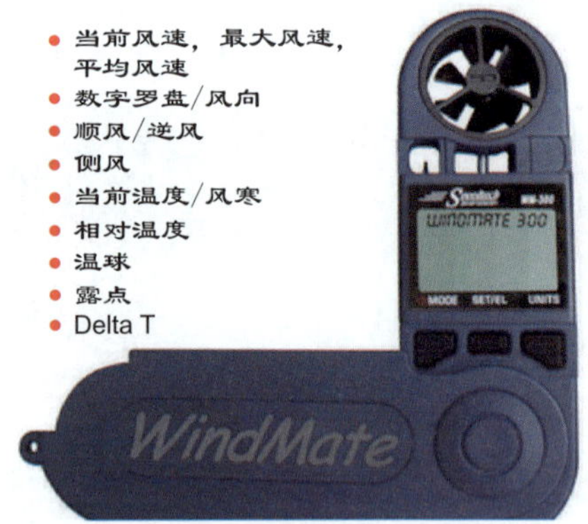

图8-18 气象因子监测仪

3. 实地复核和优化飞行航线

测区实地勘察，按照真实环境复核飞控程序。在谷歌等电子地图上一般不能发现细致的地物，来到现场后，要找到并标记树木、电线、楼房、水体等阻障，避免事故。尤其重视起降点复核，无人机摄影航线较高，通常高于150 m，一般不会遇到阻碍，但起降点附近有各种环境阻障，需要避开、远离。以上准备工作完成后，利用航线规划程序进行计算机上模拟飞行，这是和真正的飞行一样的场景，加载高程数据后，可以在谷歌地图中看到飞机的航线。复核电量、时间、航线和起降点合理性，发现飞行的过程中可能遇到的问题。

图8-19 设置地面像控点

4. 设置地面像控点

一般每个作业区设置3~5个像控

点，使用RTK仪器测量海拔、经纬度等空间参数，这是今后所有空间数据的参考点，必须准确标定。

5. 架设起飞装置

无人机起飞有弹射架发射、弹力绳发射和手抛起飞等方式。手抛起飞时手持机体，待螺旋桨高速旋转动力输出接近峰值时，双翼平衡地向斜上方抛出。无人机相对空气速度越大，飞机起飞越平稳，因此较大机体的无人机一般逆风架设弹射架发射。

6. 架设电台

远距离飞行需要电台，现阶段大多数无人机都使用电台的方式进行无人机与地面站的数据交换。一般小型便携式的电台，只是手掌大小，而如果需要进行长达几十公里的超长距离监控，需要架设较大型的高频电台，保证飞机安全高效运作。

7. 更新无人机位置参数

当与前一次作业点较远时，需对无人机GPS参数进行更新。无人机配备电子罗盘、磁校准等设备来确保飞行过程中的自我姿态控制，由于各地地磁情况不一，无人机往往自带校准系统用来应对各地不同地磁情况的干扰，以保证飞行安全。

8. 手动部件测试

无人机安装后需检查无人机各部件是否连接紧密，弹射架供电接线是否正确连接，电力充足，检查航拍相机与飞控系统是否连接，降落伞包处于待命状态等。

有的飞机具有手动遥控模式，主要用于起飞和降落阶段遇到特殊情况时的应急处理。将飞行模式调至手动遥控飞行状态，测试机头、机身、尾翼是否能按指令操作。地钉一定要钉深、钉牢，曾经有地钉在起飞时被带出、伤及操作者的危险情况发生。

9. 起飞待命和升空

准备工作完毕后，确认起飞航线上无人员、车辆等周边安全问题后，就可以起飞了。

10. 飞行状态监测和应急调整

空中作业阶段，无人机驾驶员应密切关注现场状况，根据需要随时使用遥控器或地面站观察影像、读取数据，从而调整飞机状态、飞行高度等，及时做出控制其按计划飞行、暂停等待、降落、返航等应急命令。飞行状态监测主要有以下工作：

①对航高、航速、飞行轨迹的监测；

②对发动机转速、电池或汽油动力的监测；

③对特殊气象条件的监测；

④对地面摄影状况的监测。

图 8-20 手动部件测试

图 8-21 起飞待命和升空

11. 无人机降落

降落点应选择在尽量开阔的场地，避开人员密集地点、水面、高树等。无人机按设定路线飞行航拍完毕后，降落在指定地点。手动遥控操作人员到指定地点待命，在降落现场突发大风、人员走动等情况时及时调整降落地点。

12. 数据导出检查

降落后将无人机数据卡取出，导入地面站计算机，分析评估航线、数字照片的质量和完整性，评估是否需要复飞补充或重新返工。

图 8-22 现场初步检查数据质量

13. 记录作业报告

记录当天风速、天气、起降坐标等信息，留备日后数据参考和分析总结使用。

14. 收工、转场

收齐全部设备、工具，清理垃圾，恢复地貌，收车转场。继续完成其他区域的航拍任务。

8.5 图像后处理软件介绍

无人机采集影像照片之后，需要使用图像后处理软件，从而生成地理信息数字化的地形模型，进一步可以计算面积、高度、体积等数据。无人机只能够获取摄影图片数据，用户需要另外单独采购图像后处理软件，完成后期内业工作。

摄影测量的图像后处理软件非常多，专业化的软件售价在百万元以上。无人机常用的照片数据数字化建模软件，有 Pix4D、Agisoft Photo Scan、APS、im 等。这类软件提供了测绘基础数据，将各个点位数字化，主要信息为地理坐标（经度、纬度、高程），有些还能带有颜色等附加信息，其数据类型主要为点云数据、正射影像数据（DOM）和等高线（通常情况下无人机测量只能获得 DSM 而不是 DEM），售价在 5 万元 ~10 万元左右。

8.5.1 Pix4D 软件后期处理

这是测绘无人机后期处理常用的一款软件。其他同类软件除外观界面有所不同外，使用步骤和功能大同小异。以下对 Pix4D 功能和使用步骤的介绍，可以作为其他软件的使用参考。

1. 导入和加载照片

导入和加载需要制作的照片。

2. 初始化（Inatial）

将照片上的点经过复杂、大量的计算，定好这些点在空间各自的位置。密密麻麻的点构成点云，点与点之间不连接，这些点大致组成了物体的基本结构，但正射影像图和 DSM 图还不完整。

经过初始化，获得这些图片做出的点云图，可以看到每个点和照片的匹配情况。

图 8-23 数据初始化界面

3. 点云加密，生成模型（Densification）

将点云进一步加密，做出更细致的三维立体模型，为最后一步生成由点到面互相联系、无缝的三维模型做准备。

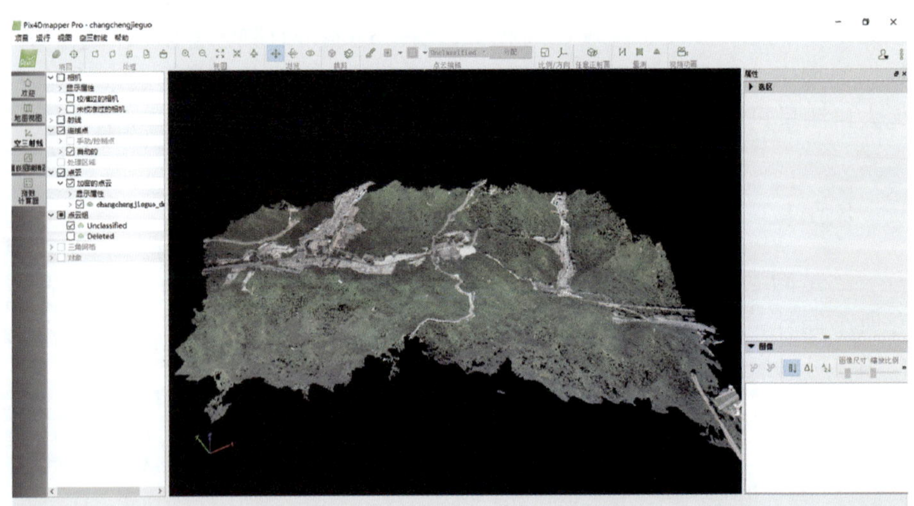

图 8-24 点云加密后的地表模型

4. 建立最终三维模型，生成正射影像图、数字地表模型

由点到面，三维模型从顶面以 90° 俯视，即为很清楚的数字正射影像图。全部制作完成后的 3 个成果存储文件夹如图 8-27 所示。

图 8-25 数字表面模型（DSM）

图 8-26 数字正射影像图（DOM）

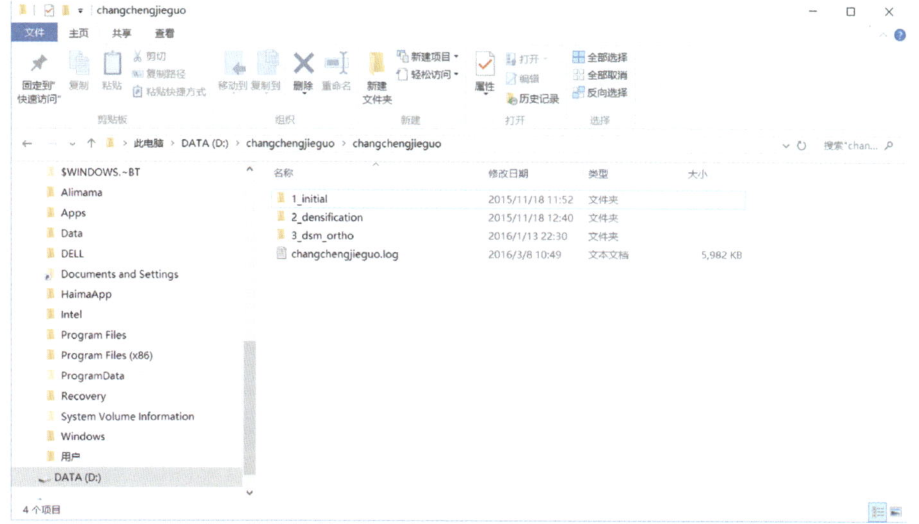

图 8-27 成果存储文件夹

5. 数据延伸使用

软件可以生成各种不同格式的电子文件，如 3DMAX、MAYA、CAD 的 .dwg 格式等，方便进行后续处理。另外，还可以利用软件确定空间路径，生成动画；并且可以将细化的实地建模成果贴在 Google 地球上，直观地看到本项目情况，并分析其与周围环境的关系。

利用数字模型，可以测量物体的面积、体积。

图 8-28 贴在 Google 地球上的 DOM 图（亮色部分）

图 8-29 测量红色的烽火台的数据

8.5.2 软件 Agisoft PhotoScan 后期制作简介

Agisoft PhotoScan 是一款致力于自动生成高质量 3D 模型的软件，它能够将多幅平面影像进行重建，建立 3D 模型。同类软件的建模工作程序基本相同，首先是在文件夹中导入照片，之后分成三个阶段处理照片：

① 照片自行对齐，找出拍摄角度和距离，全部完成后将建立密集云，计算每一点之间的关系，将每一个识别出来的点列入密集计算中；

② 生成网格，基于各个点间的矢量函数关系，将它们按照实际情况连接起来，构建成为点线面的3D模型，此时已建立出一组平面影像的3D外形；

③ 最后生成纹理，软件根据建立密集云时的数据，将平面影像分配给3D模型，此时的模型拥有内部结构和外部图像，形成了初步的3D模型，可以输出DOM、DSM等。

建模之后生成的还是粗糙的基本模型，后期还需要使用3DMAX、MAYA、CAD一类的软件进行后期加工，可以输出多种格式的文件。

8.6 地理信息相关软件介绍

8.6.1 地理信息系统简介

地理信息系统（Geographic Information System，GIS）结合了地理学、地图学、测量学等的内容，作为获取、整理、分析和管理地理空间数据的重要技术方法，越来越得到广泛关注和迅猛发展。由于信息技术的发展，对于空间数据的获取、存储、显示、编辑、处理、分析、输出和应用等功能正在不断地改变着我们的生活和工作。地理信息系统包括硬件、软件和数据库等部分。

1. 硬件

硬件主要是指获取、存储、分析数据的部件。对于数据获取方式，在初期主要是采用卫星的遥感数据，获得大尺度、大空间的测量数据，后来随着技术的发展，获取数据的方法和精细程度越来越高，比如飞机的航拍采集、地面的测绘设备等，无人机的出现填补了大空间和小空间测量技术之间的空白，丰富了测量手段。

2. GIS类软件

国外代表性的产品有ArcGIS、Global Mapper等，国内比较知名的产品有MapGIS系列、SuperMap GIS系列、IMAGIS等，以及北京灵图软件技术有限公司的三维GIS VRMap3.0、武汉吉奥信息工程技术有限公司的GeoStar系列。这些软件都是以GIS为核心进行二次开发的专业性、应用性更强的软件。

（1）ArcGIS

该软件是迄今为止被公认的一款功能强大的GIS软件，具备高级编辑工具，高质量绘图法；它使用的是元数据标准，可以读取40多种数据格式；

开放的拓展模块，可以让用户对其进行二次开发，满足专业用户的需求。

（2）Super MapGIS

北京超图地理信息技术有限公司研发的 SuperMap GIS 软件，专题表现应用比较细致，可以满足很多行业的需求，比如城市规划、虚拟设计等。但其核心技术比起国外同类产品还有一定差距，二次开发功能还不能很好地满足高级用户的需求。

（3）IMAGIS

适普软件有限公司的IMAGIS是和基础测绘应用结合紧密的一款软件，三维可视地理信息系统 IMAGIS 将 4D 产品（DEM、DOM、DRG 和 DLG）作为综合处理对象，将可视现实和虚拟现实进行高度集成，做到“所见即所得”。此外，以公司核心技术为支撑的遥感影像处理系统 ImageXuite RS，在航空、航天遥感影像的无缝镶嵌和信息融合技术上具有速度快、精度高的特点。

（4）VRMap

VRMap 是一款国际领先的三维地理信息系统平台软件，可以在三维地理信息系统与虚拟现实领域提供从底层处理到专业应用的全面解决方案，能够处理海量数据、产生高级仿真效果、快速集成传统 GIS 数据构建场景，在城市数字化工作中应用较多。

8.6.2 谷歌地球的基础知识

1. 简介

谷歌地球（Google Earth，GE）是一款虚拟地球仪软件， 它把卫星图像、地图、百科全书和飞行模拟器整合在一起，布置在一个地球的三维模型上。GE 的影像是卫星影像与航拍的数据整合，并非单一数据来源。另外，GE 有两种坐标系供选择：WGS-84 地理坐标系和 WGS-84 通用墨卡托投影（UTM）。

谷歌地球可以以平面和三维立体的形式查看，它的全球地貌影像的有效分辨率为 100 m，通常为 30 m，视角海拔高度约为 15 km。针对城市、文化、风景区等区域提供分辨率 1 m 和 0.5 m 的高精度影像，视角高度分别为 500 m 和 350 m。

2. 谷歌地球对无人机测绘的支持

谷歌地球提供给大众一个大尺度的环境概况，非常适合前期的内业工作使用，由于谷歌地球的数据具有世界标准属性，在无人机的开发设计中的数据处理，自然而然地使用了这一标准，现在基本所有涉及航线规划的功能都是依托谷歌地球进行的。首先，在谷歌地球中进行航线初步设计，然后导入飞行器的飞控程序，到达现场后再进行细调。

依托这一通用标准，航测后的数据也可以导入谷歌地球，对该区域的地形模型进行数字化精细加工。

8.6.3 Global Mapper 主要功能

在无人机摄影测量建模之后，所有数据都是矢量化的。Global Mapper 等软件可以根据其在空间的相对位置，获得平面、立面（剖面）的数据，计算面积、高度、体积等，并且可以进行数据的分类和统计。

1. Global Mapper 简介

Global Mapper（GM）作为一款简便易用的 GIS 数据处理软件，可以对无人机得到的 DOM、DEM 等数据进行深一步的处理应用。它能处理各种常见的矢量数据、栅格数据和高程数据等地图数据或空间数据，形成各种空间数据集，并提供查看、转换和其他常用的 GIS 分析功能。GM 的功能主要有：数字化统计、计算距离、面积、体积（挖填方）、栅格数据处理、数据属性查询、视域分析等，高级功能与工具有：图像校正、栅格分析与计算、生成等高线、分水岭划分、地形对比、三角网格、处理 3D 点云等。GM 同样适合作为企业级地理信息系统的一个组成部分，它具有的特点包括：① 成本低，易于使用；② 支持多种格式的地理空间数据，共计有 225 种；③ 可选 LiDAR Module 用于高级处理；④ 可以利用 GeoCalc 库中的 GEM 组件；⑤ 可以作为导航软件使用，通过加载矢量地图或经过校正的普通地图，不需要连网，使用接收机即可为用户提供实时导航状态以及绘制航线图；⑥ 免费的售后服务和技术支持。

图 8-30 Global Mapper 的功能条

Global Mapper 软件包括数字化工具和数据分析两大主要功能，在功能条的“工具（T）”和“分析（A）”两个选项中体现。

2. 使用数字化工具

使用数字化工具对正射影像中的地物进行矢量化，矢量化的区域可以进行面积、长度的统计。数字化工具还可以用于编辑矢量数据，编辑和修改点、线、面等矢量数据的形状、位置及属性等，并可以绘制各种样式的矢量数据。

（1）将关心目标圈选矢量化

如图 8–31 所示，蓝色区域内为居民房屋，红色区域内为施工营地，灰色区域为水塘，黑色区域为公路。对建立的矢量图形进行测量，可以得到线框内的面积、长度等信息。

（2）缓冲区分析

Global Mapper 的缓冲区是指通过框选确定出的一定区域，用来分析场界、影响范围等，其中矢量化的数据信息可以进行分类、汇总统计，缓冲区可以是点、线、面等形式。如图 8–31 所示，对公路两侧设置缓冲区，分析其中数据信息。选取公路某段落为基础，生成外围 200 m 的缓冲区，图 8–31 中红色阴影部分区域。选中后对缓冲区内部的地物可以进行统计、汇总，如用来分析路侧一定影响范围内（200 m）的房屋、农田、植被等的数量等信息。

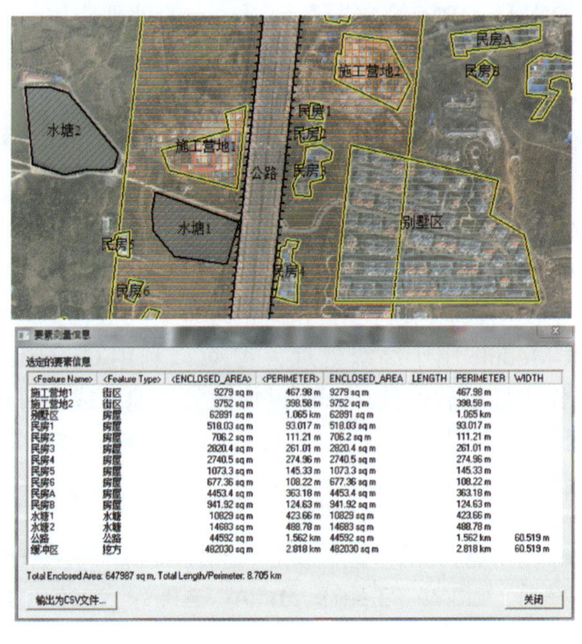

<Feature Name>	<Feature Type>	<ENCLOSED_AREA>	<PERIMETER>	ENCLOSED_AREA	LENGTH	PERIMETER	WIDTH
施工营地1	街区	9279 sq m	467.98 m	9279 sq m		467.98 m	
施工营地2	街区	9752 sq m	398.58 m	9752 sq m		398.58 m	
别墅区	房屋	62891 sq m	1.065 km	62891 sq m		1.065 km	
民房1	房屋	518.03 sq m	93.017 m	518.03 sq m		93.017 m	
民房2	房屋	706.2 sq m	111.21 m	706.2 sq m		111.21 m	
民房3	房屋	2820.4 sq m	261.01 m	2820.4 sq m		261.01 m	
民房4	房屋	2740.5 sq m	274.96 m	2740.5 sq m		274.96 m	
民房5	房屋	1073.3 sq m	145.33 m	1073.3 sq m		145.33 m	
民房6	房屋	677.36 sq m	108.22 m	677.36 sq m		108.22 m	
民房A	房屋	4453.4 sq m	363.18 m	4453.4 sq m		363.18 m	
民房B	房屋	941.92 sq m	124.63 m	941.92 sq m		124.63 m	
水塘1	水塘	10829 sq m	423.66 m	10829 sq m		423.66 m	
水塘2	水塘	14683 sq m	488.78 m	14683 sq m		488.78 m	
公路	公路	44592 sq m	1.562 km	44592 sq m		1.562 km	60.519 m
缓冲区	挖方	482030 sq m	2.818 km	482030 sq m		2.818 km	60.519 m

图 8–31　统计路侧 200 m 缓冲区内各要素特征

3. 数据分析

对数字化三维地形模型进行分析处理，可以生成等高线和山脊线，计算面积、体积，进行汇水流域分析、视域分析、剖面分析，模型水面上升 / 下降，并可以结合 DEM 分析不同时间同一区域地理信息数据的变化。

（1）生成等高线

如图 8–32 所示，根据 DSM 生成的等高线，中部等高线稀疏、地形平坦，左侧等高线密集处为一山体。

（2）剖面分析

如图 8–33 所示，黄色直线为剖面位置，由剖面图可知当地水塘位置和周边地势。

图 8–32 生成等高线

图 8–33 剖面分析示意图

（3）3D 视图

图 8–34 为加载 DEM 后生成的 3D 立体环境示意图，可以发现房屋、营地、公路等高出地表的地物可以很好地被表现出来。

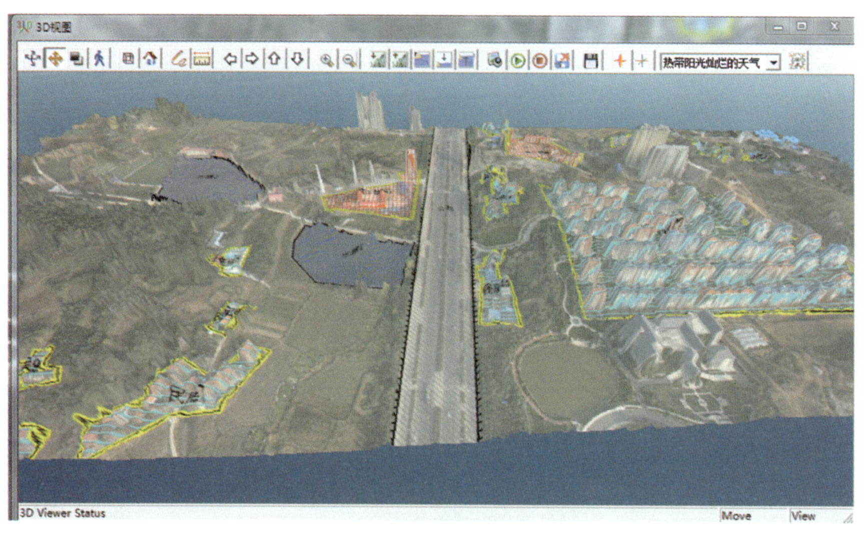

图 8–34 3D 立体环境示意图

（4）模拟水面上升

设置水位高度，查看淹没区域。如图 8–35 所示，水位设置为海拔 60 m 时，淹没区域（蓝色区域）的示意图，除图 8–34 中西侧较高的区域外，其余区域均被淹没。

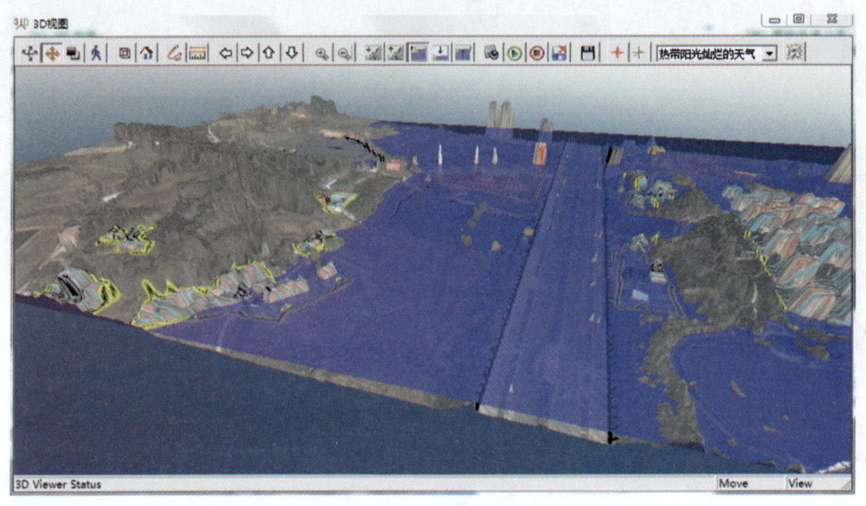

图 8–35　淹没区模拟

（5）挖填方计算

挖填方计算分为两种：一是以线文件为主体，计算一定缓冲距离内的挖填方量；另一种以面文件为主体，计算面文件内的挖填体积。

如图 8–36 所示是一条长 154 m 的线，在宽 5 m，离地面 10 m 高时的填方量。

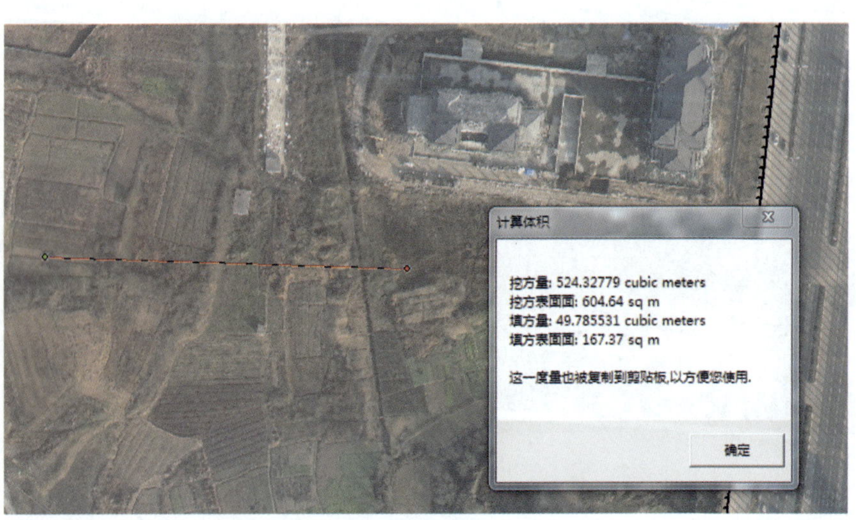

图 8–36　线域缓冲区内的挖填方量

此模式下可以快速计算体积，它以面文件的边界在 DEM 上（地面上）的高程为基准，计算切出的体积（此功能还可以用来快速计算山的体积或者凹陷处填方的体积）。

如图 8–37 所示是计算某封闭图形堆体积所显示的结果，其填充体积为 9 408.190 5 m^3，表面积为 858.89 m^2，线长为 373.19 m。

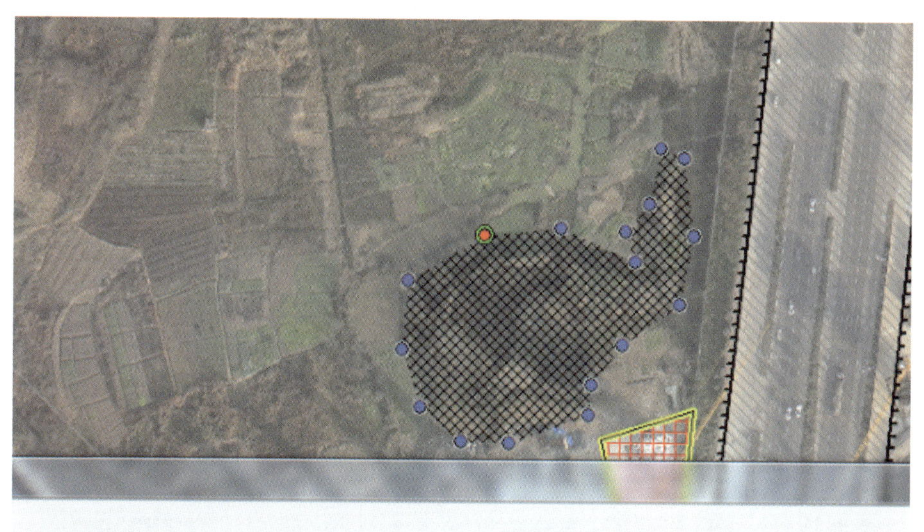

图 8–37　堆积体填方量

（6）两个 DEM 文件的体积对比计算

某个封闭图形，可将其中的多个 DEM 进行比较，软件自动给出结果。

（7）结合 / 比较地层

当加载两个不同的 DEM 文件后，可以通过结合 / 比较地层（Combine/Compare Terrain Layers）命令对两个地层进行运算，求出两个地层的加和、差值、平均值、最大值、最小值等。

（8）生成水系图

如图 8–38 所示为通过 DEM 计算地势生成的汇水区，色块为不同的汇水区，蓝色线条为汇水流向。

（9）生成山脊线

如图 8–39 所示，通过 DEM 计算高程生成该区域的山脊线，黑色线条为该区域山脊线。

（10）平铺地形

如图 8–40（a）所示，设置封闭图形的高程属性值大于地表的平均高程值，生成台地，此功能可模拟堆方设计并算出堆方量。如图 8–40（b）所示，

设置封闭图形的高程属性值小于地表的平均高程值，生成一个凹陷深坑。此功能可模拟挖方设计，计算挖方量。

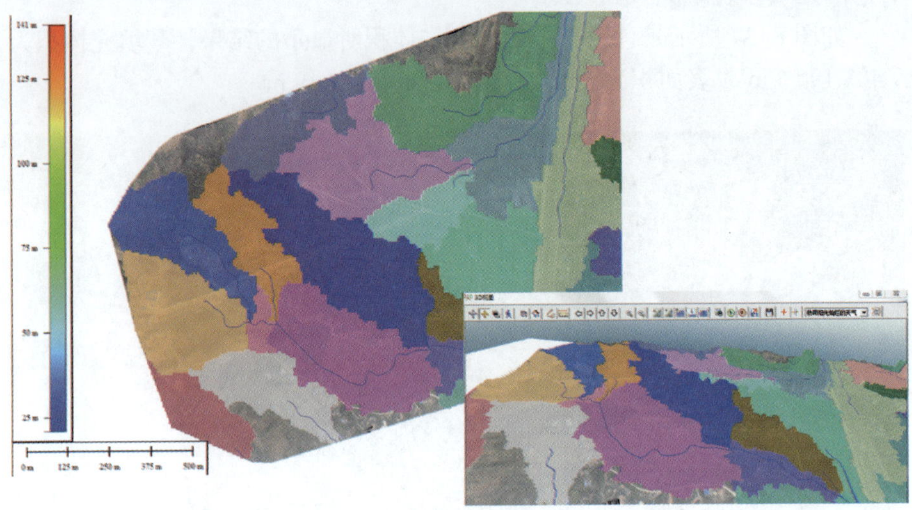

图 8-38 生成水系图

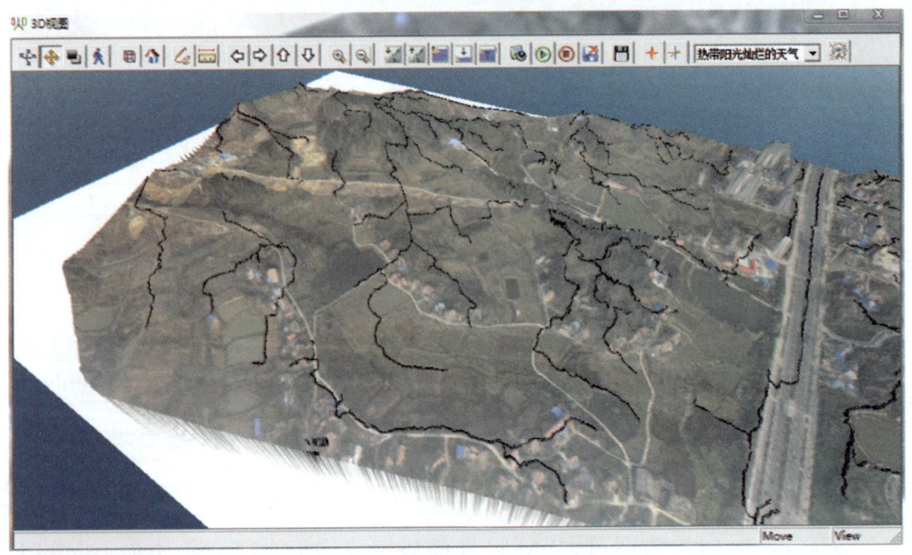

图 8-39 生成区域山脊线示意图

（11）计算平台体积

如图 8-41 所示，选择高度为 75 m 的平台，给出平台顶高坡纵比后就可以计算平台的土方量。

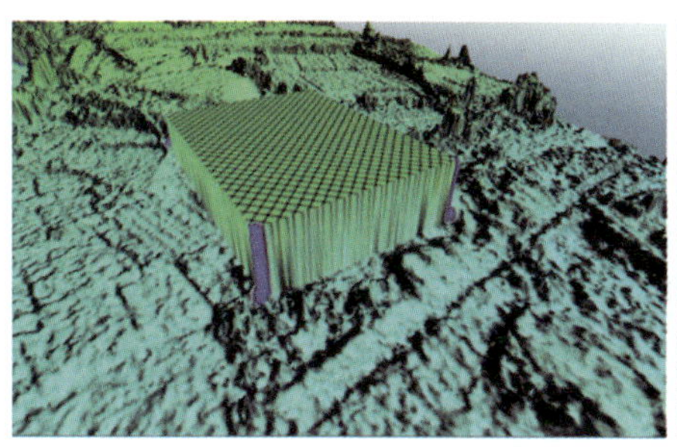
(a) 生成台地模拟堆方设计

(b) 生成凹地模拟挖方设计

图 8-40 模拟设计计算

图 8-41 生成平台模拟计算设计

8.6.4 ArcGIS 的主要功能

ArcGIS 除了具有前述软件的功能之外，还具有更多的数据统计功能。

1. 基础数据测量

测量长度、面积、体积是 GIS 类软件的基础功能，无人机航拍处理后的 DSM 导入 ArcGIS 就可以进行这些计算、统计。

2. 完善 3D 模拟

GIS 软件多数都具有利用各点的平面、高程坐标生成立体模型的功能，通过叠加 DOM 可以将矢量地形模型的表面纹理表现得更加细致，如图 8-42 所示。

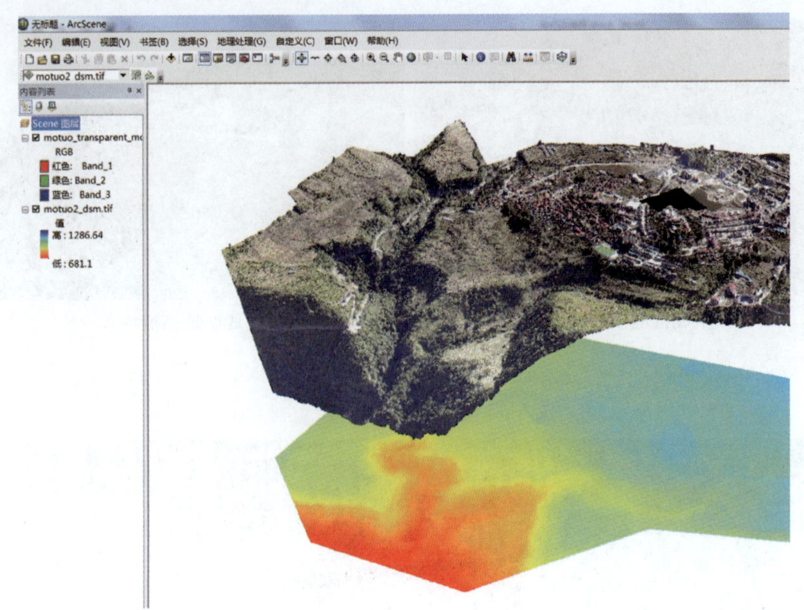

图 8-42　精细化后可多角度查看的 3D 视图

3. 叠图分析

如果想要了解工程建设不同时期的变化情况，可以使用 GIS 类软件将不同时期的图件进行叠图分析，以获得关注区域的二维或三维变化数据。叠图分析功能可以应用在地表水体动态监测、水资源评价、生态资源调查、土壤侵蚀监测、工程施工环境监理、水保监理等工作中。对水质变化情况的监控，可以通过观测相关指示性植物的变化情况来了解富营养化空间分布及动态评价。在港口、码头、锚地等海域水域，通过无人机采集基础数据，对区域内的油污染情况进行测量，发生事故时可以及时得出污染面积和泄漏量，也可以为防控措施的实施提供准确翔实的数据。

可以对同一区域在不同时期的矢量化模型进行比较分析。如图 8-43（a）所示为 2002 年拍摄的影像，图 8-43（b）为 2015 年拍摄的影像。将两个时期的矢量图在 ArcGIS 软件中叠合，在图框区域同一范围内可以清楚地看出，现在的大棚区域之前是普通耕地，面积为 0.024 km^2；北侧的学校进行了操场翻新；西侧居住区进行了扩建，相关面积数据可以通过对比得出，同时还可以统计如地形、体积等数据。

4. 数据传递

ArcGIS 具有强大的数据兼容性，能够满足数据的交换应用，可以选择导入、输出各类常用软件的数据格式。多种软件的结合处理，丰富了数据表达方式和应用。使用数据箱中的转换工具，可以将各种数据转换为常用的格式。如图 8-44 所示为将栅格格式的 DSM 数据转换为文本格式。

(a) 2002年拍摄

(b) 2015年拍摄

图 8-43　区域不同时期矢量化模型比较

图 8-44　数据格式转换

5. 大数据统计分析

ArcGIS 还具备后期数据分析汇总功能，前期数据分类做得细致的话，对于后期数据汇总、统计等具有非常大的优势，可以为决策者提供多种建议方案，给出精准数据对比，进行资产管理。

在对栅格数据进行矢量化之后，打开文件的属性表格，通过添加自定义字段，对数据进行统计，从而达到管理的目的。例如，把对整个小区的住房统计放到一个表格中，生成这一个小区的详细资料；或者针对每一住户进行建表，当单击某一住户时，就可以得到该住户的相关数据。

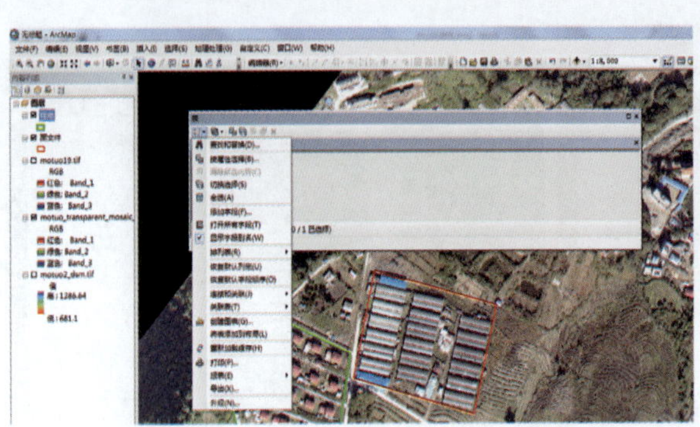

图 8-45 数据分类管理统计

9 环保水保专业化无人机系统可持续发展

目前，我国民用无人机尚处于发展的前期阶段，以普世化技术为驱动，各个企业一起面对激烈的同质化竞争，在很多细分领域还未出现龙头企业或产品。在无人机的产业链上，随着技术和商业应用的不断成熟，其应用领域也愈加广泛，百家齐放的无人机市场正在逐渐呈现日趋细分化的趋势。一些企业着力深耕环保、水利等某一细分领域，进行品牌的开发和拓展，为用户提供完善的行业应用解决方案。对于行业用户而言，其特殊的需求是专业化、细化和变化的，特别是工业级无人机领域，“无人机 +”未来的发展方向必将走向专业化细分领域。

9.1 环保水保无人机系统的需求

我国每个省、市、县级单位都有环保局，多数设有环境监测站、环境监察大队、应急中心、环境工程评估中心等行政事业单位，加上环科院（所）、环境保护公司等，以及数量越来越多的环保组织、爱好者，即有约 1.5 万 ~1.8 万有关单位和个人对环水保无人机的需求，考虑不同的应用目的以及备用、维修需要，应在 5 万 ~7 万台。水利行业的专业领域更多，设计院、施工企业等对无人机的需求也越来越大。无人机加之专业化的后续软件和应用的二次开发，以及定期维护、保养、软件升级等持续费用，将是一个至少数十亿元存量、每年几亿元再投入的专业化大市场。

目前的无人机产品分别具有环水保管理、科研等一项或几项功能，如实现了背包便携、图像视频高清拍摄、图像即时监控、价格低廉等需求，结合后期软件，可充分满足环水保外业现场的一般需要。但几乎没有针对性且性价比合理的环水保专业无人机系统，已有无人机系统需要进一步集成开发才能充分满足需求。

9.2 无人机、图传、载具等硬件专业化开发

无人机的发展将分别在“人、机、地、载、链”全方位、各环节提升无人机系统的功能和质量，建立和完善标准化体系，围绕环水保行业需求细分和深耕专业化应用市场。

近十年民用和消费级无人机市场的兴起，和硬件产业链的成熟、成本不断下降密不可分。随着移动终端的普及，芯片、电池、惯性传感器、通信芯片等产业链迅速成熟，成本下降，智能化进程迅速向更加小型化、低功耗迈进，这也给无人机整体硬件的迅速创新和成本下降创造了良好条件。

9.2.1 硬件专业化开发

1. 更轻的材料和传感器

材料科学和微机电技术进一步减轻无人机平台重量、提高精确度；伴随着苹果 iPhone 手机上加载加速计、陀螺仪、地磁传感器等应用，MEMS 惯性传感器从 2011 年开始大规模兴起，六轴、九轴的惯性传感器也逐渐取代了单个传感器，成本和功耗进一步降低，成本仅在几美元。另外 GPS 芯片仅重 0.3 g，价格不到 5 美元。

2. 更强的续航能力

电池能量密度不断增加，电池续航能力大幅提升，使得无人机在保持较轻的重量下，续航时间持续延长。太阳能电池技术希望无人机可持续飞行一周或更长时间；氢电池技术、激光点对点无线为无人机远程输电技术，都在探索、发展和完善之中。

3. 多功能、高清相机

近年来移动终端同样促进了多功能、高像素摄像头性能的急剧提升和成本下降，多镜头相机、红外相机等可以适用于不同的场合。

9.2.2 软件专业化开发

1. 智能化

急剧攀升的计算机处理能力推动无人机向智能化发展，在此基础上完善自主飞控技术、避障技术等，使无人机不仅是无人的飞机，而且是无人且会思考的空中机器人。

2. 芯片

目前高性能 FPGA 芯片已可以在无人机上实现双 CPU 的功能，保证导航传感器的信息融合，实现无人飞行器的最优控制。

3. 系统开发

如果说硬件成本下降解决了无人机“身体”的问题，近年来飞控系统开源化的趋势解决了无人机“大脑”的问题，越来越多的商业企业和无人机爱好者加入到飞控系统的设计中。德国 MK 公司是多旋翼无人机系统开源的鼻祖，2011 年美国 APM 公司开放无人机设计平台，激发了市场对无人机系统开发的热情，2012 年以后民用和消费无人机步入加速上行的通道。至今，国际无人机行业已经形成了 APM（用户最多）、MK（最早的开源系统）、PPZ（稳定性高、扩展性强）、PX4 和 MWC（兼容性强）五大无人机开源平台。

以 PPZ（Paparazzi）为例，始于 2003 年的 PPZ 是一个软硬件全开源的系统，至今已经形成了不仅涵盖传感器、GPS、自动驾驶软件，同时包括地面设备的全套成熟解决方案，既可以驱动固定翼飞机，也可以驱动旋翼机，并且可以通过地面控制软件实时监控飞机飞行的卫星地图。可以说，强大的开源飞控系统已经使得无人机全面进入“用户友好”时代。

2014 年 10 月，著名计算机开源系统 Linux 基金会推出了名为“Dronecode”的无人机开源系统合作项目，将 3D Robotics、英特尔、高通、百度等科技巨头纳入项目组，旨在为无人机开发者提供所需要的资源、工具和技术支持，加快无人机和机器人领域的发展。根据 Teal 航空市场调研公司的报告，Dronecode 项目的开发界面囊括了无人越野车、无人固定翼飞机、无人直升机和各种多轴旋翼无人机等，吸收了 APM、PX4 等多个平台，进一步推动了系统开发的可视化和友好化。

9.2.3 环境监测无人机和软件的专业化开发

无人机环境监测广义地讲包括无人机采样、无人机即时数据传输和无人机数据采集后经软件后期处理的数据分析，它是建立在无人机技术发展，以及便携、手持监测仪等设备越来越成熟的基础之上。

目前环境监测无人机多数在研发阶段，面临和需要解决的问题包括：

● 针对无人机环境监测方便灵活、活动范围大、可加挂载具的特点，专业研发水、气、生态等无人机为平台的采样设备。

● 无人机搭载的便携式环境监测设备，应能够监测更多的项目，并以环境监测因子全系列为发展目标。表示环境质量需要多种因子的数据，如果只能监测某些少量因子，而其他因子仍需要常规监测方法，则会限制无人机环境监测的使用范围。

● 无人机与环境监测采样和分析仪器设备，两者需要进行系统集成，安放仪器设备的合理位置、改变其电源、设计动作机械装置。

● 在地面端的遥控、显示面板需要开发专用的应用程序。

● 通过实践、示范，形成技术和方法规范，同时产品和方法取得国家和行业的认证。

9.2.4 无人机“无线远程即时图传 WRIVT”技术和应用前景

1. 无人机“无线远程即时图传 WRIVT”技术概念

传输数据的无线通信（Wireless Communication）可利用卫星通信、微波通信、GSM 移动通信（基站）等来实现。卫星提供的是一般是公用网络，微波通信、GSM 移动通信则根据是否单独设站组网，可分为公网和专网两种基站。无线通信可传输的信息包括语音、图像、文字等。

无人机“无线远程即时图传”（Wireless Ultra-Sight Instant Video Transmission，WRIVT）技术是指将无人机获取的图像信息，借助无线移动通信，以极小的延时，传输到视距外远程终端的一种技术。无人机无线通信以图视频信息为主。

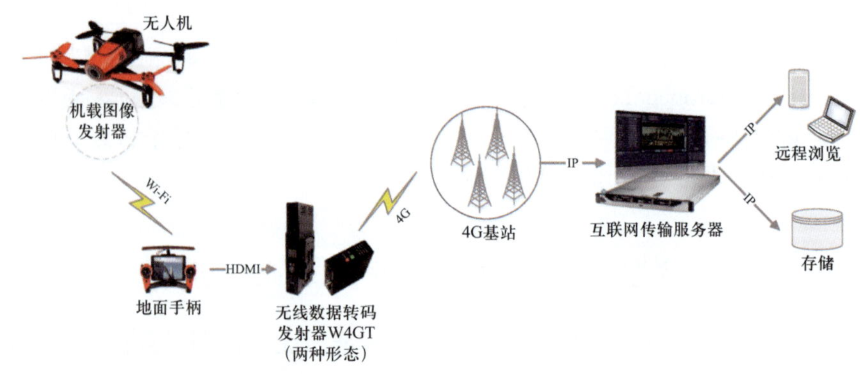

图 9-1 无人机 WRIVT 系统框架

2. 技术的发展

目前，加密的卫星或微波无线传输方式为军用无人机所采用。受限于卫星高昂的使用价格、微波建站的专业性，民用领域无人机图视频主要是借助既有的无线 Wi-Fi 技术进行传输，传输距离一般在 500 m 的视距范围以内，很少超过 1 000 m。近一两年陆续开发了有关单独小型多旋翼无人机、搭配轻便发射器系统的传输方案，南京大翼航空研发了支持多网（包括 4G）、多终端（包括无人机）的现场转播车，设备较多，体积较大；北京高峻科技在舟山马拉松等场合中完成了无人机即时远程图传。一方面相关系统尚未完全商品化，另一方面也没有厂商推出包括如此技术方案的无人机系统。

据外媒报道，美国无线运营商 Verizon Communications 表示，该公司将与无人机厂商合作，开始面向无人机提供无线网络连接服务，Verizon 的网络服务将支持无人机在飞行中连接互联网，将所拍摄到的视频流、图片或其他数据传回地面用户。随着智能手机市场面临饱和，运营商的无线核心业务都面临拓展新市场的问题，近年来，Verizon 公司一直致力于从事无人机数据传输研究，AT&T 公司也在进行无人机网络连接测试。Verizon 公司表示，无人机数据服务收费标准将分两种套餐，即 1 G 流量每月收费 25 美元和 10 G 流量每月收费 80 美元，基本与普通数据消费相当。

3. 硬件设备

无人机“无线远程即时图传 WRIVT”建立在已有 Wi-Fi/4G 无线传输发射技术的基础上，并进行扩展和深化。主要硬件设备包括：有 HDMI 视频端口的手柄、Wi-Fi/4G 无线数据转码发射器（Wi-Fi/4G Wireless Transmitter，W4GT）和互联网服务器；主要软件包括：自主开发的 W4GT 中的编码和发射的输出软件、自主开发的以“服务器解码软件”为核心的“即时视频客户端”和服务器数据库软件。

4. 技术路线

① 无人机搭载图视频设备，采集图视频数据；

② 无人机机内图视频设备有线连接到机载图传信号无线发射器；

③ 利用 5G 或 2.4G 的 Wi-Fi 无线通信，将图视频信号下行传输给地面手柄；

④ 地面手柄带有标准的高清视频 HDMI 输出端口，使用数据线连接到 Wi-Fi/4G 无线数据转码发射器 W4GT，W4GT 将视频信号转为 IP 信号；

⑤ 在遍布各地的移动基站的支持下，通过 4G 无线网络将 IP 数据流上传于互联网指定的 IP 地址服务器；

⑥ 服务器上的专用软件接收信号后转换为可播放的视频；

⑦ 远程用户均可通过互联网访问服务器，获取相关实时视频。

选择 4G 移动通信技术作为传输技术，主要由于：

● 应急属于偶然事件，应急图传的需求次数较少；

● 基于 4G 的移动通信发射器有一定的技术储备，并可以向 5G 发展；

● 移动通信可以满足技术需求。风险发生地如居民区、工厂企业等多有移动信号，可以依靠公网传输；4G 的通信可以满足高清级别的图视频传输速度要求，今后更快速的 5G 技术将满足超高清传输要求；

● 相比于卫星和微波通信，移动通信成本较低。以省级行业组网测算，每年的应用费用在数万元之内。

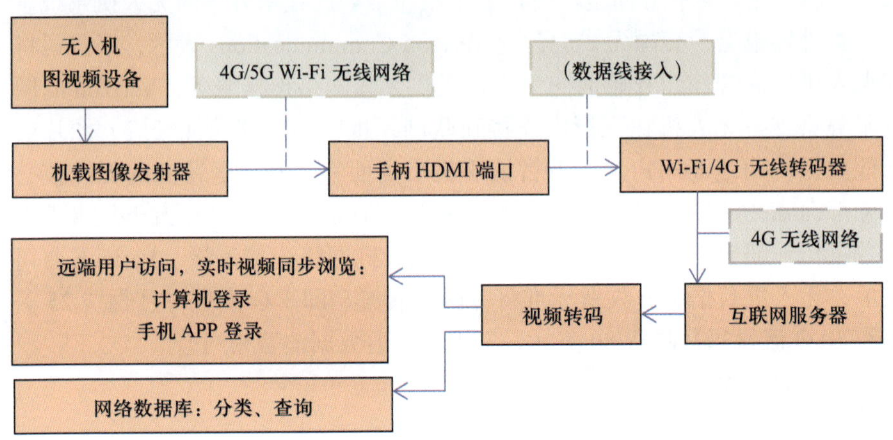

图 9-2 无线超视距即时图传 WRIVT 技术路线

5. 技术特点

（1）高清

能够达到广播级图像质量。深化开发的 W4GT 采用广播级的 H.264 图像编码技术，提供广播级的高清实时传输图像，为远程终端指挥人员提供精准的监控信息。

（2）实时

通过硬件和软件，根据距离的不同，可将信息延时控制在毫秒至秒级别之内，传输到视距外的远程终端。

（3）超视距传输

基于互联网传输可实现世界范围的超视距传输，远非几百米、几千米的距离所限。

（4）多卡捆绑传输技术

基于 4G 的移动通信传输，面临着网络带宽与稳定性无法保证的情况。W4GT 采用了多链路捆绑传输技术克服这一问题，提升对无线通信网络环境的适应性。W4GT 采用多卡设计，支持多链路、多运营商捆绑。多卡同时工作，可以分担带宽，降低单卡传输压力，对抗传输的不稳定性；多卡互为备份，单卡掉线后自动重连，自动恢复，重连过程中由其他卡分担带宽；多运营商互为备份，弥补单运营商信号覆盖范围不足的问题。同时，多卡及多运营商绑定以后能突破单卡的带宽限制，实现更高带宽（高码率）传输。

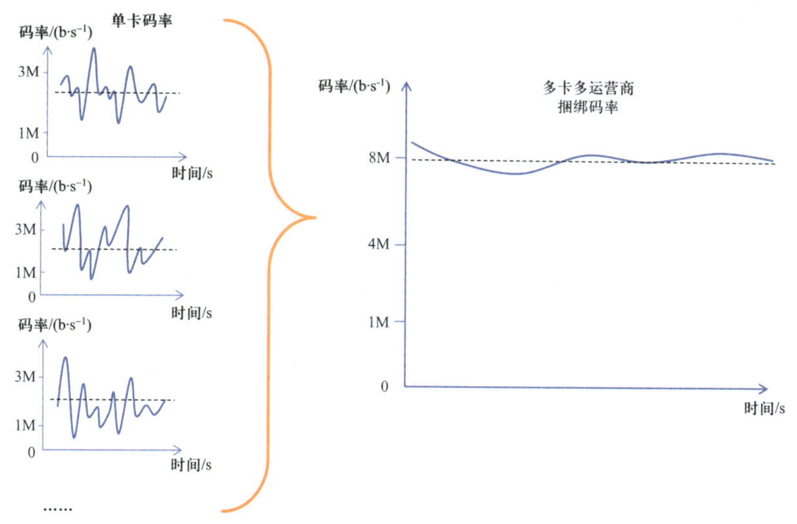

图 9–3　无线超视距即时图传 W4GT 多卡捆绑传输技术

6. 测试情况

2016 年 6 月，“无人机无线即时超视距图传”系统在北京、贵阳、赤水三地成功进行了连网测试。无人机为 Parrot Bebop，它的优势在于轻便、容易操作，并在遥控操作手柄上固有 HDMI 接口，可以方便地连接 Wi-Fi/4G 无线转码器。传输使用联通提供的 4G 公网，用户预先在计算机上安装包括解码软件的“即时视频客户端”。

外业实验组将北京测试地的图像传递至服务器，在北京、贵阳、赤水办公室的测试人员使用计算机客户端访问服务器，实现三地互通，毫秒级延时。监控过程中，客户端用户根据图像信息，分别以移动电话提出即时指令，测试小组遵照指令完成新的飞行观察动作，服务器全过程存储影像数据。

7. 无人机“无线远程即时图传 WRIVT”应用的主要领域

无人机图视频相比地面局部视角，以空中视角即时提供图像，无疑更全面、好处更多。通过图视频随时掌握现场情况的需求，在军事、公安、消防、环境、交通等行业由来已久，其应用领域包括突发公共事件和一般工作场景。根据国务院《国家突发公共事件总体应急预案》，突发公共事件主要分为四类，即自然灾害、事故灾难、公共卫生事件和社会安全事件等。在制定预案时，无人机即时图传是一个新的、有力的技术手段。

北京测试场地

北京：交通运输部环境保护中心

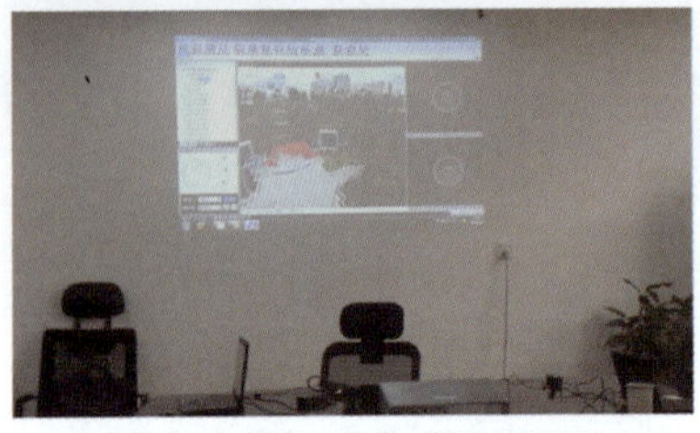
贵阳：贵州省环境工程评估中心

赤水：桫椤国家级自然保护区

图 9-4 北京 - 贵阳 - 赤水无人机 WRIVT 测试画面

（1）军事

在军事领域，战机稍纵即逝、侦查刻不容缓。如果先采集信息再回收进行处理，延迟的信息可能失去价值。如今我国的“彩虹”“翼龙”系列查打一体无人机，将即时超视距图传、远程操作相结合，获得实战应用，树立了良好的口碑，与美国的“捕食者”“死神”“哨兵”、以色列“苍鹭”“鹰”等无人机成为军事装备的宠儿。

（2）公共安全

群体事件需要进行多方位监控，随时提供事件规模和发展状况的即时场景，作为有关部门会商、决策的重要依据。

（3）消防

全面的火场规模、发展趋向等是指战员最迫切需要了解的，消防火情变化快，无人机随时跟踪、掌握各个方面的信息，为针对性布置灭火力量抢得先机。

（4）环境风险

国家对环境风险源管理十分重视和谨慎。根据《突发事件应急预案管理办法》（国办发〔2013〕101 号）和环保部《企业突发环境事件风险评估指南》（环办〔2014〕34 号附件），评估对象为生产、使用、存储或涉及附录 B 突发环境事件风险物质及临界量清单中的化学物质（以下简称环境风险物质）以及其他可能引发突发环境事件的化学物质的企业。

企业环境风险源类别很多，如石油炼化企业的储油罐、化工产品的生产车间等。以某石油企业为例，其环境风险源分析如下：根据企业产品和使用、储存危险品的种类、数量，以及周边环境敏感受体的情况，将环境风险分为较大、重大两级。这些企业多在城区，或周边有水源地、自然保护区等其他环境敏感区。一旦发生事故，指挥中心必须第一时间获得各种信息，其中图视频信息必不可少。

（5）地质灾害

我国地质灾害频发，科学处置的基础是全面、及时的勘察，无人机在其中发挥着越来越大的作用。如果将勘察水平进一步提升，即时图像甚至是摄影测量的原始图片可以及时传回后方指挥部及科研团队，为处置方案打下坚实的基础。

（6）交通应急

在风、雨、滑坡塌陷的地质灾害、甚至地震等自然因素，以及重压、撞击、爆炸等人为因素的影响下，路基、桥梁、隧道都可能发生事故。需要将相关图视频信息及时传达指挥中心和设计、抢险部门，最快速度地制定应急方案，有时还需要向社会及时公布通行时间。

（7）日常工作、会议图视频

通过无人机可以将日常的户外工作、体育赛事、现场勘查、会议等场面传递到远端客户。

8. 客户组网方案

（1）组网的地域规模

根据应急事故发生概率较低、指挥层次在省市级较多的情况，可在省级或较大的市级级别上，建立行业互联网服务器和数据库管理平台。

（2）以行业为单元组网

消防、环保、交通等行业的专业性特点不同，可根据行业特点，建立互联网服务平台。

（3）地方政府

可在政府层面统一的应急指挥中心，将无人机即时图传信息纳入综合、统一指挥服务平台。

9. WRIVT 技术发展

今后 5G 技术将实现更大带宽信息量、更高速度的传输，可以更好地满足超视距即时图传的需要。

在交通抢险、地质灾害甚至是洪水、地震、森林火灾等特殊情形下，公网也许没有基站或遭到破坏，这时可搭建临时专网基站，一般是在 10~50 km 范围内接入最近的公网系统，同样实现 4G 技术的超视距即时图传。

今后随着我国数据传输专用卫星的增加，将大大降低卫星通信的使用费用。结合该项技术，可以继续研发 Wi-Fi/ 卫星转码发射器，实现真正无死角、无缝的无人机“无线远程即时图传 WRIVT”。

9.2.5 无人机软硬件集成和适合的机型

在考察现场，有时需要一机多屏显示，同时让有关人员看到即时画面；有时则需要多机一屏显示，方便看到几处同时传回的画面，这些需要为硬件配置专用软件。

开发适合行业需求的多功能无人机（具备图视频采集和小区域测绘功能），删繁就简，突出专业，降低成本。重点考虑的指标包括：轻便，方便的拆装，总重与电源配合的适当的续航时间，先进的飞控包括航线规划后自主飞行、摄影和自动返航，安全可靠，高效的图视频传输等，将以上功能集合在整机上。

开发在雨、雪、风、热等不良环境中具有更强适应性的机型。

9.3 专业化无人机系统环保水保产业链相关服务

9.3.1 专业化软件和数据开发

利用数字化的图视频，可以进一步开发林草覆盖率等作业软件，简便地形测绘软件，环水保单位时间监测周期内植被、土石方等各次成果的自动对比软件，等等。

9.3.2 数据分析服务

建立环水保敏感区的遥感影像本底数据库，具备及时完成对突发地质灾害点进行无人机航摄影像获取、处理及成果输出的能力，以及数据存储、比对的功能，形成云数据平台的有效建设和管理。

以软件系统和已处理的数据作为综合信息服务基础，为用户提供高级定制化分析服务，帮助用户进一步提升智能化判别水平。

9.3.3 技术支持、服务平台开发

许多行政事业单位甚至企业编制有限，没有专门的无人机操作人员，日常业务对无人机的需求并不频繁。这时可以选用采购服务的方式，由社

会化的专业公司提供相关专业化工作，具体包括：性能良好的无人机出租，技术人员现场支持，远程技术支持，软件技术优化、升级，完全的整体解决服务等。这样使用成本和管理更合理，服务质量也更有保证。

9.3.4 培训服务

针对无人机飞行、后续软件和数据库使用等开展培训，包括：无人机系统基础知识、无人机飞行作业、无人机维修保养、无人机驾驶员取证培训、软件使用、数据处理和无人机辅助数据库技术等。

参考文献

按照法律法规、标准规范、图书、期刊论文、电子文献五类进行排列。

一、法律法规

[1] 中华人民共和国民用航空法 . 全国人民代表大会常务委员会，1996–03–01，2015–04–24 第二次修正 .

[2] 中华人民共和国测绘法 . 全国人民代表大会常务委员会，1992–12–28，2002–08–29 修订 .

[3] 中华人民共和国保密法 . 全国人民代表大会常务委员会，1988–09–05，2010–04–29 修订 .

[4] 通用航空飞行管制条例 . 中华人民共和国国务院，中华人民共和国中央军事委员会，2003–05–01.

[5] 中华人民共和国飞行基本规则 . 中华人民共和国国务院，中华人民共和国中央军事委员会，2000–07–24，2007–10–18 第二次修改 .

[6] 通用航空经营许可管理规定 . 中华人民共和国交通运输部，2016–05–19.

[7] 关于民用无人机管理有关问题的暂行规定 . ALD2009022. 中国民用航空局，2009–07–09.

[8] 民用无人机空中交通管理办法 . MD–TM–2009–002. 中国民用航空局，2009–06–26.

[9] 民用无人机适航管理工作会议纪要 . ALD–UAV–01. 中国民用航空局，2012–01–13.

[10] 关于民用无人驾驶航空器系统驾驶员资质管理有关问题的通知 . 中

国民用航空局，2015–04–23.

[11] 低空空域使用管理规定（试行）（征求意见稿）. 中华人民共和国国务院，中华人民共和国中央军事委员会，2014–07–22.

[12] 轻小无人机运行规定（试行）. AC–91–FS–2015–31. 中国民用航空局，2015–12–29.

[13] 使用民用无人驾驶航空器系统开展通用航空经营活动管理暂行办法（征求意见稿）. 中国民用航空局，2015–12–30.

[14] 民用无人机驾驶员管理规定 . AC–61–FS–2016–20R1. 中国民用航空局飞行标准司，2016–07–11.

[15] 关于进一步贯彻〈测绘资质管理规定〉和〈测绘资质分级标准〉的通知 . 国家测绘地理信息局，2010–04–12.

[16] 关于进一步做好无人飞行器航摄测绘资质审查有关工作的通知 . 国家测绘地理信息局，2011–08–23.

[17] 测绘管理工作国家秘密范围的规定 . 国家测绘局，国家保密局，2003–12–23.

[18] 公开地图内容表示若干规定 . 国家测绘局，2003–05.

[19] 测绘资质管理规定 . 国家测绘地理信息局，2014–07–01.

[20] 国家突发公共事件总体应急预案 . 中华人民共和国国务院，2006–01–08.

[21] 突发事件应急预案管理办法 . 中华人民共和国国务院，2013–10–25.

[22] 企业突发环境事件风险评估指南（试行）. 中华人民共和国环境保护部，2014–04–03.

[23] Unmanned Aircraft System Operations in UK Airspace–Guidance.CAP 722. CAA，Sixth Edition，2015–03–31.

二、标准规范

[24] 国家测绘地理信息局 . 国测管发【2014】31 号测绘资质分级标准，2014.

[25] 国家测绘局 . CH/T 3002—2010　无人机航摄系统技术要求，2010.

[26] 中华人民共和国国家质量监督检验检疫总局，国家标准化管理委员会 . GB/T 6962—2005　1 : 500　1 : 1 000　1 : 2 000 地形图航空摄影规范，2005.

[27] 中华人民共和国国家质量监督检验检疫总局，国家标准化管理委员会 . GB/T 15967—2008　1 : 500　1 : 1 000　1 : 2 000 地形图航空摄影测量数字化测图规范，2008.

[28] 中华人民共和国国家质量监督检验检疫总局，国家标准化管理委员会

员会 . GB/T 7930—2008　1：500　1：1 000　1：2 000 地形图航空摄影测量内业规范，2008.

[29] 中华人民共和国国家质量监督检验检疫总局，国家标准化管理委员会 . GB/T 7931—2008　1：500　1：1 000　1：2 000 地形图航空摄影测量外业规范，2008.

[30] 中华人民共和国国家质量监督检验检疫总局，国家标准化管理委员会 . GB/T 23236—2009　数字航空摄影测量　空中三角测量规范，2009.

[31] 中华人民共和国国家质量监督检验检疫总局，国家标准化管理委员会 . GB/T 27919—2011　IMU/GPS 辅助航空摄影技术规范，2011.

[32] 中华人民共和国国家质量监督检验检疫总局，国家标准化管理委员会 . GB/T 17157—2012　1：25 000　1：50 000　1：100 000 地形图航空摄影测量解析测图规范，2012.

[33] 中华人民共和国国家质量监督检验检疫总局，国家标准化管理委员会 . GB/T 13990—2012　1：5 000　1：10 000 地形图航空摄影测量内业规范，2012.

[34] 中华人民共和国国家质量监督检验检疫总局，国家标准化管理委员会 . GB/T 13977—2012　1：5 000　1：10 000 地形图航空摄影测量外业规范，2012.

[35] 中华人民共和国国家质量监督检验检疫总局，国家标准化管理委员会 . GB/T 17157—2012　1：25 000　1：50 000　1：100 000 地形图航空摄影测量解析测图规范，2012.

[36] 中华人民共和国国家质量监督检验检疫总局，国家标准化管理委员会 . GB/T 27920.2—2012　数字航空摄影规范 第 2 部分：推扫式数字航空摄影，2012.

[37] 中华人民共和国国家质量监督检验检疫总局，国家标准化管理委员会 . GB/T 30115—2013　卫星遥感影像植被指数产品规范，2013.

[38] 国家测绘局 . CH/Z 3003—2010　低空数字航空摄影测量内业规范，2010.

[39] 国家测绘局 . CH/Z 3004—2010　低空数字航空摄影测量外业规范，2010.

[40] 国家测绘局 . CH/Z 3005—2010　低空数字航空摄影规范，2010.

[41] 国家测绘地理信息局 . CH/T3007.1—2011　数字航空摄影测量　测图规范　第 1 部分：1：500　1：1 000　1：2 000 数字高程模型　数字正射影像图　数字线划图，2011.

[42] 中华人民共和国水利部 . SL277—2002　水土保持监测技术规程，2002.

[43] 中华人民共和国环境保护部 . HJ　2.4—2009 环境影响评价技术导则——声环境，2009.

[44] 中华人民共和国水利部 . SL 523-2011 水土保持工程施工监理规范，2011.

[45] 中国航空器拥有者及驾驶员协会 . 民用无人驾驶航空器系统驾驶员训练机构合格审定规则（暂行），2014.

三、图书

[46] 张祖勋，张剑清 . 数字摄影测量学 [M]. 武汉：武汉大学出版社，2002.

[47] 中国气象局. 中国云图 [M]. 北京：气象出版社，2004.

[48] 李德仁，王树根，周月琴 . 摄影测量与遥感概论 [M]. 北京：测绘出版社，2008.

[49] 中国交通建设监理协会. 交通建设工程施工环境保护监理 [M]. 北京：人民交通出版社，2010.

[50] 环境保护部环境工程评估中心. 建设项目环境监理 [M]. 北京：中国环境科学出版社，2012.

[51] 喻权刚 . 黄河流域水土保持遥感监测理论与实践 [M]. 北京：中国水利水电出版社，2013.

[52] 孙毅. 无人机驾驶员航空知识手册 [M]. 北京：中国民航出版社，2014.

[53] 廖小罕，周成虎 . 轻小型无人机遥感发展报告 [M]. 北京：科学出版社，2016.

[54] 蔡志洲，林伟，等 . 民用无人机及其行业应用 [M]. 北京：高等教育出版社，2017.

四、期刊论文

[55] 马轮基，马瑞升，林宗桂，等 . 微型无人机遥感应用初探 [J]. 广西气象，2005，26（增刊）I：180–181.

[56] 勾志阳，赵红颖，晏磊 . 无人机航空摄影质量评价 [J]. 影像技术，2007（2）：49–52.

[57] 刘耀林，罗志军. 基于 GIS 的小流域水土流失遥感定量监测研究 [J]. 武汉大学学报 : 信息科学版，2006.

[58] 范承啸，韩俊，熊志军，等 . 无人机遥感技术现状与应用 [J]. 测绘科学，2009，34（5）：164–165.

[59] 许小华，雷声，张秀平．三峡库区土壤侵蚀定量遥感监测 [J]. 江西水利科技，2009，35（4）：253–256.

[60] 王新，陈武，汪荣胜，黄志行．浅论低空无人机遥感技术在水利相关领域中的应用前景 [J]. 浙江水利科技，2010（6）：27–29.

[61] 梁志鑫，卢宝鹏. 无人机技术在生产建设项目水土保持监测中的应用 [J]. 吉林农业，2010（9）：137.

[62] 李营，陈忱，张峰，等. 无人机影像高铁竣工环保验收信息分类体系研究 [J]. 铁道工程学报，2011（7）：106–111.

[63] 郭索彦，李智广，赵辉．我国水土保持监测制度体系建设现状与任务 [J]. 中国水土保持科学，2011，12（6）：22–26.

[64] 朱京海，徐光，刘家斌，等．无人机遥感系统在环境保护领域中的应用 [J]. 环境保护与循环经济，2011（9）：45–48.

[65] 张君，李俊．无人机遥感系统在走马塘拓浚延伸工程环水保管理中的应用 [J]. 水土保持应用技术，2013（5）：23–24.

[66] 李志斌，冯再福．无人机遥感系统在电力工程环保水保中的应用 [J]. 电力勘测设计，2013，10（5）：30–33.

[67] 翟然，等．黄土高原水土保持遥感监测影像配置方案研究 [J]. 人民黄河，2014（6）：97–99.

[68] 玉素甫江 • 买买提．论低空无人机遥感技术在水利相关领域中的应用前景 [J]. 中国新通信，2014（22）：66–67.

[69] 王勇. 关于 4G 通信技术发展及面临的问题分析 [J]. 信息通信，2014（6）：254–255.

[70] 万长征等. 基于 3G/4G 多旋翼飞行器的视频传输系统 [J]. 单片机与嵌入式系统应用，2014（10）：5–7.

[71] 刘源，张飙，杨小平. 基于无人机的叶绿素荧光参数检测系统设计 [J]. 扬州大学学报（自然科学版），2014（1）：38–41.

[72] 冯晓东. 试论无人机遥感在水土保持中的应用 [C]. 中国水土保持学会预防监督专业委员会第九次会议暨学术研讨会，北京，2015：422–426.

[73] 蔡志洲. 小型无人机技术在水土保持监测中的应用 [C]. 中国水土保持学会预防监督专业委员会第九次会议暨学术研讨会，北京，2015：438–441.

[74] 王志良，等．无人机低空遥感技术在线状工程水土保持监测中的应用探讨：以新建重庆至万州铁路为例 [J]. 中国水土保持科学，2015（04）：132–136.

[75] 松辽水利委员会松辽流域水土保持监测中心站．无人机遥测技术在水土保持监管中的应用 [J]. 中国水土保持，2015（9）：73–76.

[76] 蔡志洲 . 无人机遥感助力智能交通 [J]. 无人机，2016（1）：23–25.

[77] 交通运输部环境保护中心 . 小微型无人机在环境保护和水土保持中的应用培训教材（内部出版物），2014.

[78] 曾麦脉，赵院，李万能，张广分，赵敏. 无人机在生产建设项目水土保持 “天地一体化” 监管中的应用 [J]. 中国水土保持，2016（11）：28–31.

[79] 姜德文. 高分遥感和无人机技术在水土保持监管中的应用 [J]. 中国水利，2016（16）：45–49.

[80] 蔡志洲，林伟. 无人机无线超视距即时图像传输技术初试和应用前景 [J]. 无人机，2016（4）：58–61.

五、电子文献

[81] 云南省环境科学研究院. 无人机现身纳帕海，为高原湿地生物多样性保护助力 [EB/OL].（2014–01–02）[2017–02–15]. http://www.yies.org.cn.

[82] 彭丽 . 环保部在华北地区开展无人机执法检查行动 [EB/OL].（2014–06–30）[2016–08–15]. http://www.ccin.com.cn/ccin/news/2014/06/30/298565.shtml.

[83] 垃圾场成气体污染源 英环保局用无人机进行检测 [EB/OL].（2014–06–30）[2016–08–15].http://www.wrjzj.com/wrjyy/jsaf/941.html.

[84] wwwWo. 当小飞机遇见大猴王 [EB/OL].（2015–06–08）[2016–08–15]. http://www.jianshu.com/p/97dd85a129e6.

[85] 李凯 . 新疆开出首张无人机罚单　巴州一单位无人机随意飞被罚 2　万　元 [EB/OL].（2015–10–29）[2016–08–15]. http://www.toutiao.com/i6210870168577819137.

[86] 杨博 . 无人机探出 10 吨危险废物 [EB/OL].（2015–05–07）[2016–08–15]. http://gd.people.com.cn/n/2015/0507/c123932–24769807.html.

[87] 韩婷 . 无人机航拍新疆公格尔九别峰　揭示冰川地质灾害原因 [EB/OL].（2015–06–10）[2016–08–15]. http://xj.people.com.cn/n/2015/0610/c188514–25181337.html.

[88] 汤姆 . 无人机又有新用途：保护亚马孙雨林生态环境 [EB/OL].（2015–06–09）[2016–08–15]. http://tech.qq.com/a/2015–06–09/041161.htm.

[89] 卢慧，惠环宣 . 无人机空中巡查 企业偷排无处逃 [EB/OL].（2015–09–02）[2016–08–15]. http://epaper.southcn.com/nfdaily/html/2015–09/02/content_7464889.htm.

[90] 环球无人机综合报道 . 场面壮观！无人机航拍海鸟罕见栖息迁徙形态 [EB/OL].（2016–03–21）[2016–08–15]. http://uav.huanqiu.com/yyc/2016–

03/8744004.html.

[91] 人民网．罕见！南非白化露脊幼鲸与母亲亲密玩耍 [EB/OL].（2015–11–04）[2016–08–15]. http://pic.people.com.cn/n/2015/1104/c1016–27777108.html.

[92] 东南网．“环保无人机”首秀福州 秘密取证偷排污将无所遁形 [EB/OL].（2015–11–11）[2016–08–15]. http://fj.people.com.cn/n/2015/1111/c234960–27070456.html.

[93] 北京易科泰生态技术公司．EcoDrone 遥感无人机用于河狸栖息地调查评估 [EB/OL].（2016–11–29）[2017–02–15]. http://www.labbase.net/News/ShowNewsDetails–4–31–47E31BAF7624B9A7.html.

[94] 中央电视台新闻直播间．2016 我们与藏羚羊 [EB/OL].（2016–08–13）[2016–08–15]. http://tv.cntv.cn/video/C10616/df6d16b0d73843b9a30a7fd8dc7a8e2f.

[95] 东方新闻．中国首架太阳能飞机“墨子号”成功首飞 [EB/OL].（2016–12–12）[2017–02–15]. http://v.ifeng.com/news/tech/201612/015d0007–c055–11e6–b501–002590c2aaeb.shtml.

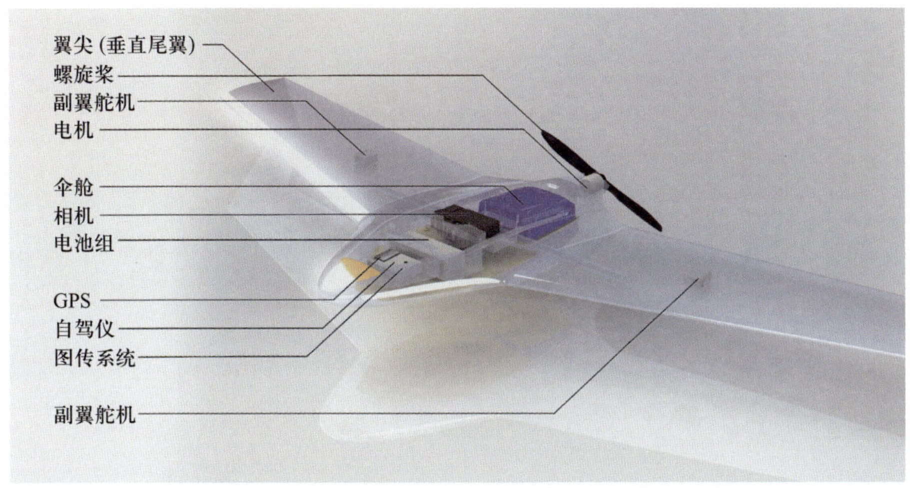

图 2-2

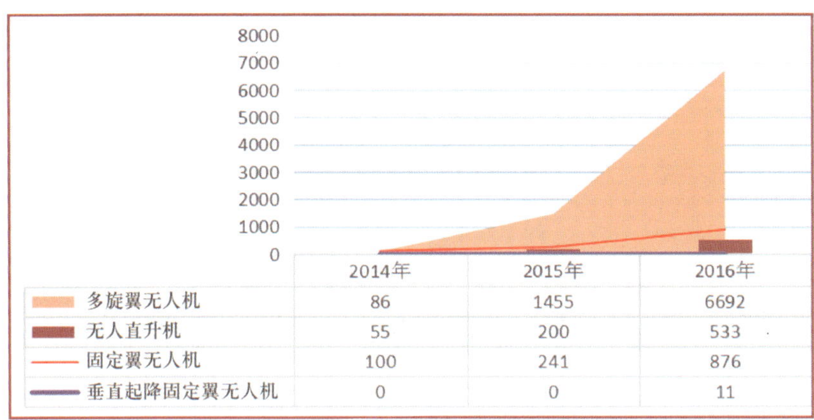

	2014年	2015年	2016年
多旋翼无人机	86	1455	6692
无人直升机	55	200	533
固定翼无人机	100	241	876
垂直起降固定翼无人机	0	0	11

图 3-6

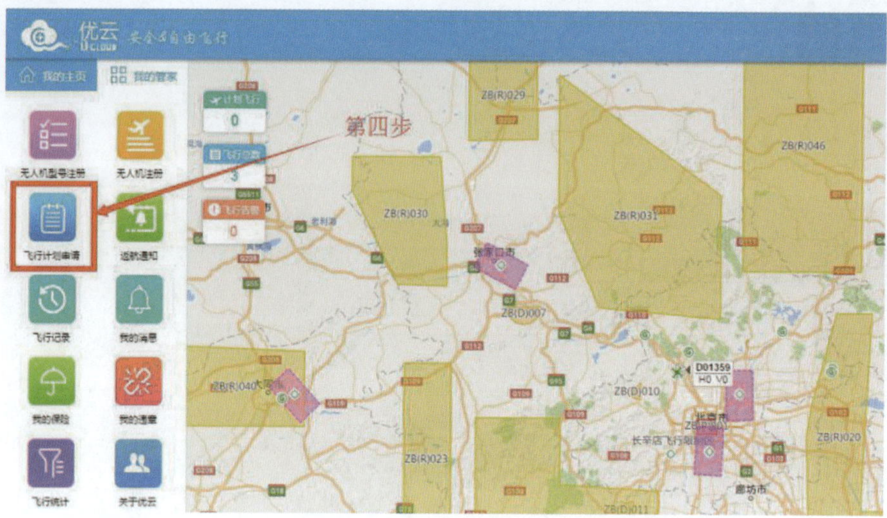
优云
安全自由飞行
我的主页
我的管家
计划飞行
0
飞行总数
3
飞行告警
0
第四步
无人机型号注册
无人机注册
飞行计划申请
返航通知
飞行记录
我的消息
我的保险
我的违章
飞行统计
关于优云
ZB(R)029
ZB(R)030
ZB(R)031
ZB(R)046
ZB(D)007
ZB(R)040
ZB(D)010
ZB(R)023
ZB(R)020
ZB(D)011
D01359
H0 V0
廊坊市

图 3-7

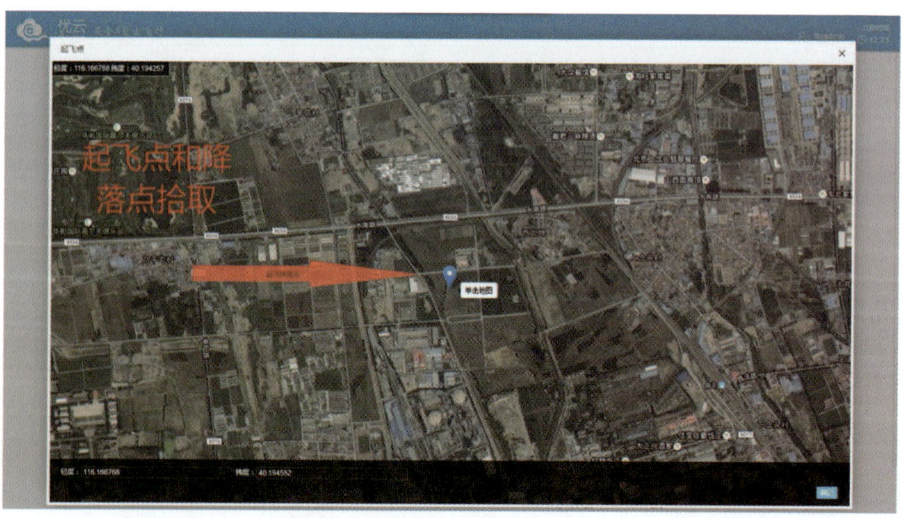
起飞点和降落点拾取

图 3-8

图 3-9

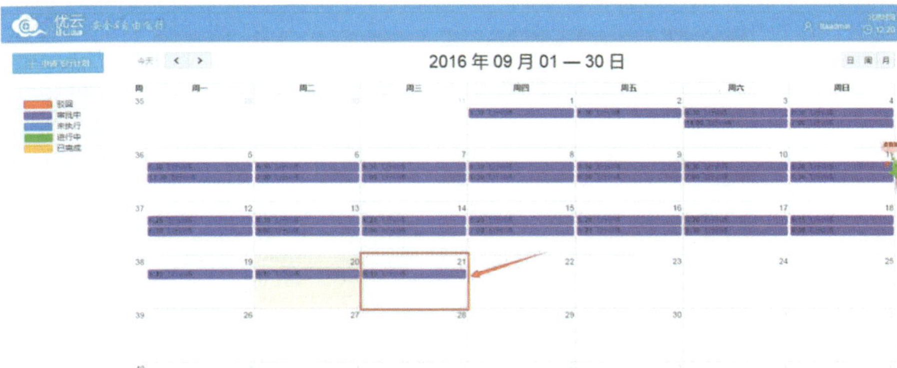

图 3-12

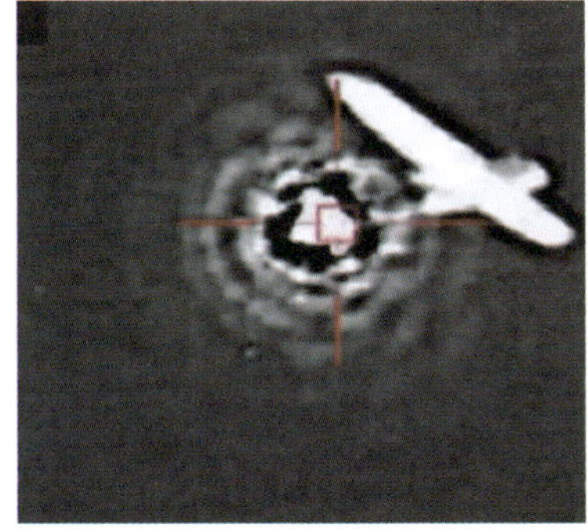

图 3-14

图 4-1

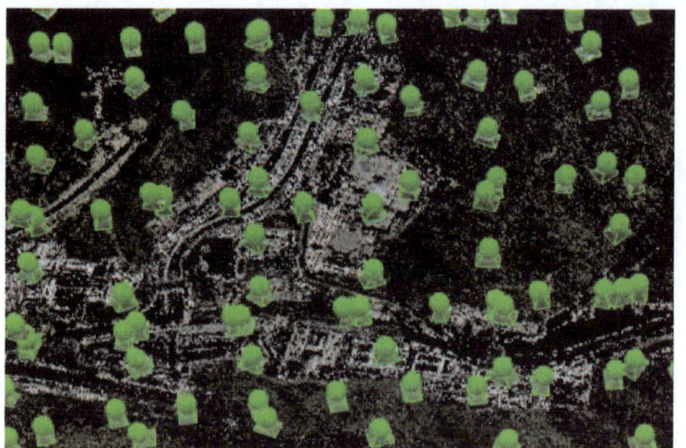

图 4-3

图 5-2

郑重声明

高等教育出版社依法对本书享有专有出版权。任何未经许可的复制、销售行为均违反《中华人民共和国著作权法》，其行为人将承担相应的民事责任和行政责任；构成犯罪的，将被依法追究刑事责任。为了维护市场秩序，保护读者的合法权益，避免读者误用盗版书造成不良后果，我社将配合行政执法部门和司法机关对违法犯罪的单位和个人进行严厉打击。社会各界人士如发现上述侵权行为，希望及时举报，本社将奖励举报有功人员。

反盗版举报电话 （010）58581999 58582371 58582488

反盗版举报传真 （010）82086060

反盗版举报邮箱 dd@hep.com.cn

通信地址 北京市西城区德外大街4号

高等教育出版社法律事务与版权管理部

邮政编码 100120